GAODENG XUEXIAO ZHUANYE JIAOCAI

• 高等学校专业教材 •

鞋靴装饰设计

罗向东 ▶ 编著

FOOTWEAR DECORATION DESIGN

中国轻工业出版社

图书在版编目（CIP）数据

鞋靴装饰设计／罗向东编著． —北京：中国轻工业出版社，2024.2

高等学校专业教材

ISBN 978-7-5184-1132-0

Ⅰ.①鞋… Ⅱ.①罗… Ⅲ.①鞋—装饰设计—高等学校—教材 Ⅳ.①TS943.2

中国版本图书馆 CIP 数据核字（2016）第 235530 号

责任编辑：李建华　　　　责任终审：劳国强　　　　封面设计：锋尚设计
版式设计：锋尚设计　　　责任校对：晋　洁　　　　责任监印：张　可
出版发行：中国轻工业出版社（北京鲁谷东街 5 号，邮编：100040）
印　　刷：北京建宏印刷有限公司
经　　销：各地新华书店
版　　次：2024 年 2 月第 1 版第 2 次印刷
开　　本：787×1092　　　1/16　　　　印张：10.75
字　　数：240 千字
书　　号：ISBN 978-7-5184-1132-0　　　　定价：98.00 元
邮购电话：010-85119873
发行电话：010-85119832　　010-85119912
网　　址：http：//www.chlip.com.cn
Email：club@chlip.com.cn

鞋靴装饰设计的要求是很高的。由于鞋的实用性与设计表现空间的局限性，鞋的装饰特征显示出高度的简洁性与抽象性，即装饰在第一时间形象的辨识度很高。区别于服装、建筑、绘画等表现空间较大的设计类型，鞋类装饰设计对审美、视觉等方面提出了更高的要求。

长期以来，关于鞋类设计的专业书籍多侧重于技术类（开板）与成型类（工艺），诚然也适应了以制造为主的中国制鞋业。随着行业的蓬勃发展，国人对鞋类产品认知的增强，消费者对鞋类设计有了更高的精神追求，对美的理解有了新的认识。所以本书针对鞋靴装饰设计的各个细节进行系统的分类，使读者对鞋靴的设计脉络、审美、时尚元素有一个全新的认识，为鞋靴装饰提供重要参考。

鞋靴装饰设计涉及的范围十分广泛，本书主要从以下三个方面展开：第一，装饰设计基础概念；第二，女鞋装饰设计的规律与分类；第三，男鞋装饰设计的规律与分类。并对鞋配饰的种类、鞋靴设计传达方法、各类装饰元素进行分类归纳，通过丰富的举例，直观地呈现出鞋靴装饰的一般规律。

本书的编写得到许多国内业内人士的鼓励和支持，书中的很多观点来自和他们的交流讨论。研究生刘丽、李艳、刘呈宁、王芳芳对书稿整理与完善做了大量工作，因此本书实际上凝聚了很多业内人员的智慧和见解，在此表示衷心的感谢。由于作者水平有限，书中难免存在缺点错误与不足之处，望广大读者积极指正。

罗向东

2016 年 8 月于陕西科技大学

CONTENTS ／目录

123 / 第三篇　男鞋装饰设计

第一篇
鞋靴装饰设计基础

鞋类产品设计是一个创造性的综合信息处理过程，通过对多种元素的组合，如线条、符号、色彩等，把产品的形态以平面或立体的方式展现出来。消费者对鞋的认识主要从品牌、功能、装饰三个方面展开，其中装饰包括了鞋的造型、色彩、材料等诸多形式美的要素，是现代设计中人们最为强调的。所以，追求鞋靴视觉效果成为鞋类产品设计的先导，是鞋类设计师的重要任务。

第一章
装饰概论

第一节　装饰

　　美术史学者沃尔夫林认为"美术史主要是一部装饰史"，装饰一直是人们所创造的艺术审美核心。如果对人类的造物历史进行考察就会发现，始终没有摆脱装饰的影响，装饰无所不在。现代产品设计中装饰是一个广泛而又普遍的文化艺术现象，所以了解与掌握装饰的内涵与作用，对产品的装饰设计有着积极的影响。

一、装饰的定义

　　"装饰"一词在《汉语词典》中的解释是：起修饰美化作用的物品，比如装修效果图造型的轮廓和雕刻装饰；在身体或物体的表面加些附属的东西，使之更美观。在《辞源》里解释为"装者，藏也，饰者，物既成加以文采也。"指的是对器物表面添加纹饰、色彩以达到美化的目的。一般有两层意思：第一层意思是指一般人日常生活中的化妆打扮。化妆主要是运用化妆品和工具，采取合乎规则的步骤和技巧，对人体五官及其他部位进行渲染、描画、整理，增强立体感，调整形色，掩饰缺陷，表现神采，从而达到美化的目的。化妆，能表现出人物独有自然美；能改善人物原有的"形、色、质"，增添美感和魅力；能作为一种艺术形式，呈现一场视觉盛宴，表达一种感受。打扮主要是指对自己的容貌、衣着等进行装饰，让自己变得更漂亮，让别人眼前一亮。第二层意思是指起修饰美化作用的物品，这主要是指装饰品，生活中的装饰品按种类主要分为首饰类和其他类。首饰类有头饰（主要用在头发四周及耳、鼻部位的装饰）、胸饰（主要是用在颈、胸背、肩等处的装饰）、手饰（手镯、手链、臂环、戒指、指环等）、脚饰（脚链、脚镯等）、挂饰（钥匙扣、手机挂饰、手机链、包饰等）。其他类主要有装饰类（化妆用品类、纹身贴、假发等）、玩偶、钱包、用具类（珠宝首饰箱、太阳镜、手表等）、鞋饰、家饰小件等。饰品按工艺分为镶嵌类和不镶嵌类两大类。

二、装饰的起源

对于装饰的起源，不同学派有着不同的意见，主要有模仿说、符号说、表现说、劳动说、游戏说、巫术说、图腾说、潜意识说、宗教说、性本能说等。其中最有说服力的是劳动说，因为劳动是人类从猿到人进化而来的一个不可或缺的因素，没有劳动，人就无法脱离低级动物的行列，而劳动也是锻炼人类大脑发育的必要条件，最初的装饰也是在劳动中产生的。

追溯到旧石器时代，山顶洞人打磨得十分光滑的石器（图 1-1-1），以及在欧洲发现的奥瑞纳文化中各种精巧的石制工具，其精致程度远远超过了实用的需求，都明显地呈现了从对使用工具和规律性的形体感受到有意识地"装饰"过渡的迹象，从中可以看出装饰艺术的出现和它的实用功能的属性联系。

对工具的装饰是人类早期的一种普遍现象。而这种我们今天看来是装饰的现象，其实在最初多半是带有实用的功能，如"飞去来器"上面刻着的网状线条，竟是一幅地图。与其说是装饰，不如说是一种有一定用途的表意符号，如图 1-1-2 所示。

原始人在劳动过程中认识了自然界的花草、贝壳、石头、动物毛皮等美丽的物件，在不经意间装饰其身并发现了美的内涵：自身的美化可以引起人们的注意，吸引异性或是满足自己的美感要求，或是维系在同伴中的地位和关系。

面对大自然变幻莫测的奇妙景象，原始人心中不免涌起惶恐、激动。当原始人在工具的制造和装饰中，面对物质材料的驾驭并且获得了形式上的敏感时，他渐渐地滋生了一种新的创造欲望。原始人在他们的栖息地、洞穴、器物、工具及饰物上涂抹刻画不同的色彩和物象，有着不同的目的和作用，但大多出于本能的要求，如祈求丰收、驱灾辟邪、安居繁衍等，而很少出于纯粹欣赏与表现的目的。人不再满足对工具的简单装饰，而想把这种创造

图 1-1-1　石器时代打磨光滑的劳动工具

图 1-1-2　带有线条装饰的劳动工具

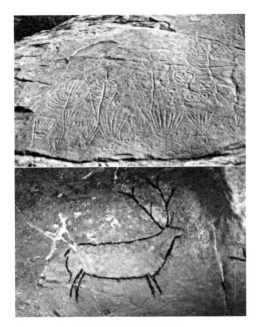

图 1-1-3　石器时代的动植物壁画

图 1-1-4　石器时代的祭祀、劳作壁画

扩大到其他可能的范围。装饰开始从附于工具实用功能的属性悄悄地向独立的审美属性转化。

随着社会的发展，原始人类逐渐开始用线条、图像等来再现他们的劳动场景，装饰自身，如图 1-1-3 所示。旧石器时代晚期，原始人类的主要食物来源是狩猎，主要居所是山洞，所以他们往往把动物、植物等各种物象涂绘或磨刻在岩石上，带有巫术性目的，如图 1-1-4 所示，从岩壁上那富有生命力的线条与简约的造型可以看出，人类开始在符号与图形之间寻找艺术的归宿。新石器时代，原始人类将小块的兽骨串成项链挂在胸前当作装饰，把漂亮的羽毛当作头饰，这种装饰是具有实际意义的。现在还有一些原始居民，由于气候炎热，虽然无须穿衣，却利用美丽的羽毛、艳丽的花卉、奇异的贝壳等来装饰美化自身。这些最原始的装饰为今天的服装增加了艺术效果，成为美化服装的主要手段。

中国装饰艺术起源于生产力低下的原始社会时期。

在社会不断发展和艺术审美提高的过程中，人们逐渐把这种装饰行为加工处理，形成了我们今天服装的立体花结装饰、飘动的带子、荷叶边、流苏以及服装上的各种花草、动物图案和各种配饰等。

人类在其发展过程中，创造了装饰艺术这个形式，并将其发展到了不可思议的程度，在人类文化之网上成了一缕不可缺少的丝线，它的每一个进展都使这张网日益坚固。装饰艺术诞生于人类征服与改造自然的经验之中，至今已成为人类文明的一部分。

三、装饰的作用

装饰具有物质实用功能和精神欣赏功能的双重功能性，一类体现实用性和依附性，另一类则体现纯欣赏性和独立性。装饰在现代人们的生活中应用极为广泛，如陶瓷装饰、城市雕塑、织绣图案以及书籍装帧、商品装饰、金属器具装饰、漆艺装饰等。同时具有纯粹审美功能、体现独立性和纯欣赏性的装饰艺术，以独特的形式和价值，装点着人们的生存空间，大到广场、候机大厅、候车室，小到会议室和家庭居室，装饰艺术都随处可见。

装饰艺术运用着它自己的语言——对比、节奏、对称、均衡、连续、间隔、重叠、疏密、反复、交叉、错综、变化、统一等，创造了丰富的语言形式。装饰艺术与其他艺术一样，有着无限的多样性、丰富性和变化性。

在社会不断发展进步的潮流中，装饰越来越成为一种文化、一种艺术出现在我们身边的各个角落，对鞋靴的装饰只是我们生活中装饰艺术极为微小的一部分，即使如此，它还是有很多种元素、很多种材料进行千变万化的排列，给人以美的视觉享受。

装饰是人类最古老的审美表现形式。在我国的考古发现中，就有大量旧石器时代和新石器时代的人体装饰物，如穿孔兽骨、钻孔石珠、刻有沟槽的鸟骨等。专家考证认为，这些物件具有小巧、光滑、规则的特征，可以证实是史前人类的装点打扮，是以美观、炫耀为心理而发生的装饰行为。除了对自己的身体，人类对劳动工具、对自身的生存环境、对日常生活中的用品都进行修饰，一种超功利性的审美意愿由来已久。

装饰是人类改造世界的创造性行为。英国建筑学家和设计师欧文·琼斯在1856年所著的《世界装饰经典图鉴》一书中说道："如果我们沿着人类文明的发展史来看，就会发现无论是简陋的帐篷或者屋上的装饰，还是希腊雕塑家菲狄亚斯和伯拉克西特列斯·宏达作品上的装饰，都体现出一种共同点：人类进行创造的雄心和在地球上打造人类印记的野心是亘古不变的。"人类通过装饰行为挑战自然，表达自身生命的力量。这种创造的意识和激情，连接着人类智慧的精神世界和对理想热切的追求。无论是原始部落简陋帐篷上的装饰，还是伟大艺术家的宏伟作品上的装饰，无论是原始彩陶上粗犷、简洁的手绘装饰，还是18世纪盛行欧洲的华美、细腻的洛可可装饰，都是这种创造力的具体体现。

装饰作为一种表现风格，具有一定的形式规律。相对于绘画艺术而言，装饰艺术更偏重于遵循形式美的规律。形式规律是强调视觉对物体理性的认知和适度的表现，它以统一规律为基本法则，追求理想化的和谐境界与完美的视觉体验。形式规律来源于自然和生活，但它不是对自然物体简单地、盲目地模仿，而是对丰富、多变的自然物体本质特征的把握。如对称法则是生命构造的本质形式。在自然界中，生物的形态结构都是以对称形式构成的，如人类和动物的身体、花木的枝叶、昆虫的翅膀等。正是因为形式规律反映了客观事物的构造规律、运动规律，所以，以形式规律为表现风格的装饰图案，吻合了人们在丰富生活中积淀生成的心理经验，会让视觉体验到无比的轻松和愉悦。

第二节　装饰的种类

　　装饰是一种传递文化、体现功能和美学的艺术，具有非常重要的作用，按不同的对象、作用、手法等可分成不同的种类。

一、按装饰的对象分类

图 1-1-5　佩饰物

　　装饰对象是指装饰所附着的具体物体，根据装饰的对象可分为人与物。对人的装饰又分为固定的身体装饰（如文身、穿鼻、穿耳等）和活动形态的身体装饰（指暂时连系到身体上的一些活动饰品，如项链、手镯、服饰等），如图 1-1-5 所示；物的装饰主要是对物以雕刻、绘画等方法进行的装饰，使其达到一定的效果或环境氛围，如图 1-1-6 所示。

二、按装饰的作用分类

　　按装饰的作用可分为纯装饰性装饰和装饰性与功能性结合的装饰两类，如图 1-1-7 和图 1-1-8 所示。纯装饰性的装饰件，由于它不用负担任何功能性的部分，这类装饰件的设计有广阔的空间，材料的选择范围也宽，可以随意变化，造型变化、特殊材质、混搭等都可以作为创新的突破口；装饰性与功能性结合的装饰件既要有装饰的效果，

图 1-1-6　树脂雕刻画

图 1-1-7　纯装饰性装饰件

图 1-1-8　装饰性与功能性
结合的装饰件

又要有功能性的体现，故而其要求极高，而正是这种装饰
与功能的结合使其受到广泛关注。

三、按装饰的题材内容分类

图 1-1-9　动物题材

按装饰的题材内容大致可分为几何形、动物、
人物、植物、神怪以及综合性的题材六大类。其中几
何形装饰又可以分为规则几何形和不规则几何形两种。规
则几何形如方形、圆形、三角形、梯形、五角形等；而不
规则几何形在构成上较为自由，形态变化也就相对较多。
动物题材包括禽鸟类、牲畜类、水生动物和爬行动物类、
昆虫类等，如图 1-1-9 所示；植物题材通常选用具有美
感的花、树、蔬菜等，如图 1-1-10 所示；神怪题材往往
与民族的图腾、宗教信仰等有关，通常是以人物或动物的
形式为基础，充分体现了人类的想象力和艺术创造力。

四、按装饰的手法分类

所谓装饰的手法，是指实施装饰时具体所使用的方法
或工艺技术，且装饰艺术所采用的手法主要有绘、雕刻、
编织、缝、绣、喷、塑、刺、割、印、佩戴、毁伤等，如

图 1-1-10　植物题材

图 1-1-11 和图 1-1-12 所示。装饰手法的多样性是人们在不断的实践检验中形成的，是人们智慧的结晶。装饰手法的多样性以及其互相之间的叠加使用使得装饰效果更加多样性，达到装饰要求的可能性更大，也更能满足人们的需求。

图 1-1-11　雕刻物　　　　图 1-1-12　编织物

第二章
鞋靴装饰原理

　　鞋类产品除了要具备必要的物质功能，还需借助一定的表现形式吸引消费者的注意，激起消费者的热情。现在对产品造型美的研究已不仅仅是为商品服务，而成为艺术学科共同探讨的课题，产品如何装饰是其重要的部分。

第一节　　鞋靴装饰法则

　　通过对形式美的追求，鞋靴设计在一方面能够提高鞋的艺术性和个性特征，另一方面能够实现对流行元素的整合与应用，最后进行重组形成创新性的设计手法、新的流行款式。鞋靴的形式美在于鞋整体形态的塑造、装饰件的设计、帮部件结构的设计、装饰图案以及色彩的设计等的创新表现。

　　在现实生活中，由于人们所处的经济地位、文化素质、思想习俗、生活环境、价值观念等的不同，从而产生不同的审美追求。然而，单从形式条件来评价某一事物或某一产品的造型时，对于美与丑的感觉却在大多数人中存在一种共识。这种共识是人类在长期的生产、生活实践中产生和积累的，它的依据就是客观存在美的基本形式法则，在鞋靴装饰设计中比较常用的原理包括以下几个方面。

一、条理与反复

　　条理即是在构图组织上或形与色的处理上进行有规律的安排。例如，借助自然界存在的各种整齐规则，从而产生规律化、条理化的美的造型。在鞋靴的外观设计中，某一个元素出现两次以上，就构成了重复，可以是材料的重复，也可以是颜色、图案、部件等的重复使用，如鞋眼、鸵鸟皮革上的毛孔，甚至是鞋帮上的缝合线迹，都构成了重复的内容。重复是统一感最为强烈的构成形式，可以通过重复的形式加深对形象的印象，形成节奏感、统一感。重复的元素并不一定是完全一样的，近似图形的重复反而会使画面富有趣味，更加灵动，如图 1-2-1 所示。

图 1-2-1   设计中的条理与重复

重复的形象会使造型更加稳重，但如果处理不好会产生呆板、单调的感觉，所以重复要有条理，比如，同一个装饰件出现频率如果过高，反而让消费者的视线无所适从，会产生乏味的感觉。

材料的重复通常表现在材料的搭配上，可以加深对材料质感的感受，还可以通过两种材料不等量的重复，使一个成为另一个的陪衬，使其中一个质感更加突出。色彩的重复可以体现在色彩的整体协调上，形成主体色。可以通过色彩重复的位置、用量等的变化，使色彩变化更加丰富。

二、节奏与韵律

节奏与韵律是一种形式美感和情感体验，它存在于形式的多样变化之中，也存在于和谐统一之中。

节奏是指一定的运动式样在短暂的时间间隔里周期性地、交替地重复出现，它不仅是指某一时间片断的持续反复，也是一种既有开头又有结尾的相继变化过程。形状、色彩、空间虽是静止的，但视线随点、线、面、体、形状和色彩的排列与组合结构巡视时，必然产生视网膜组织的生理运动。生理机制上的运动使人感觉到造型形式的节奏美感。

造型艺术中诸矛盾因素变化的统一便会产生一种节奏的和谐，即韵律。美丑依附于事物的模仿，也决定材料相互间构成的形式关系。形式关系的美丑又在于形式节奏的对比是否和谐，是否能产生韵律。

节奏和韵律都是一种形式审美感觉，是从客观事物的结构和关系中提炼出来的普遍抽象形式，其区别在于节奏是事物矛盾延续变化秩序的一般形态和基本形态，而韵律是事物矛盾延续变化秩序的特殊形态和高级复杂形态。节奏是一般的简单变化秩序，韵律是特殊的复杂变化秩序。一个复杂节奏总是由多个简单节奏组合而成，从而形成具有音乐性韵律的美感节奏。总之，节奏是韵律产生的根源和基础，韵律是节奏变化的产物和结果。

　　节奏与规律能够产生美妙的音乐，同样在装饰艺术中它也是带来视觉美的重要因素之一。在鞋靴装饰设计中节奏是交替出现的形与色，节奏的规律性出现给人带来了视觉的和谐感与舒适感，这也就产生了视觉上的韵律美。

（一）材质本身的节奏与韵律

　　如图 1-2-2 所示，自然肌理的动物皮革在鞋靴设计中巧妙地应用，形成的节奏感为鞋子增加了一种野性美；图 1-2-3 材质中纹理表现出了一种流畅的韵律感，圆滑的线条缠绕流淌，在视觉上给人一种动感美。

（二）鞋靴设计中的节奏与韵律

　　节奏和韵律在鞋靴设计中可以达到整体上既和谐又富于变化的效果，可以使鞋帮面部位分别得以强调，但总体上统一，使视觉上有跳动和流畅的愉悦感。节奏和韵律可以通过画面的空间分割，点、线、面形态的位置关系和辅助视觉元素的引导、强调，以及色彩和调子控制等手段获得。如图 1-2-4 所示，线条的反复，棕色与白色的相间，加上口门处的曲线律动，让这款鞋在刚毅中透露着活泼感，让穿着者容光焕发；如图 1-2-5 所示，尖头中跟的深红色直筒靴，鞋帮在浅红色圆形暗斑的点缀下，鞋帮外踝处律动的图案设计与靴筒上边缘的包沿口完美连接，让整只鞋充满了神秘的色彩。

图 1-2-2　动物皮肌理节奏美

图 1-2-3　帮面线条韵律美

图 1-2-4　帮面线条节奏美

图 1-2-5　帮面线条韵律美

（三）色彩运用的节奏与韵律美

渐变是指类似的形体渐次地、循序渐进地逐步变化。色彩的渐变也是一种韵律美，如图 1-2-6 所示。在鞋靴设计中，常使用渐变的形式生产系列产品。一双鞋楦在批量生产中不可能只用来设计一款鞋，往往在同一双鞋楦上衍生出很多款式类同的鞋款，这其实是渐变法则的一种应用。渐变可以由某个部件入手，可以是色彩、装饰件、部件大小、线条方向的变化，也可以通过某个元素在鞋靴中所占的比重大小来产生。

如图 1-2-7 所示，色彩的渐变运用到女鞋中更是别有一番韵味，尖红色显示了女鞋热情奔放、活泼自由、积极向上、勇敢追逐梦想的渴望，由红到黑的渐变，自然和谐，一方面展示了女性的成熟美，另一方面显示出女性的稳重美。

图 1-2-6　男鞋色彩的渐变

图 1-2-7　女鞋色彩渐变

三、对比与调和

对比即突出事物互相独立的因素，使个性差异更加突出，如互补色、虚实、动静等。通过对比引起视觉上的注目感，使消费者能够产生清楚、刺激的视觉印象。

对比法则在鞋靴设计中的应用主要包括形状对比，如线条的粗细、部件的大小等；色彩对比，如部件配色中的明度对比、纯度对比、冷暖对比等；肌理对比，如材料表面的光滑与粗糙对比、表面花纹的凹凸对比等；工艺手法对比，如透明或镂空部位形成的虚面与实体的虚实对比。

对比与调和的法则，在自然界中和人类社会中广泛存在。有调和，才具有某种相同特征的类别；有对比，才有不同事物个别的形象。在鞋靴设计中，对比使得造型活泼、生动、个性鲜明；调和使得鞋靴造型协调、稳重。只有对比，没有调和，鞋靴造型会产生杂乱无序的感觉，但可以用于设计比较跳跃、活泼的时装鞋；只有调和，没有对比，鞋靴造型会产生呆板、平淡的感觉，但也可以用于设计正装或古板风格的鞋。

　　对比与调和原理都只能存在于同一性质的因素之间，如色彩与色彩、线型与线型等。同调和与对比的关系一样，鞋靴造型设计也必须针对不同的具体形象，正确处理好对比与调和的关系，使得鞋靴造型既有生动、活泼同时又具有稳重、协调和统一的因素。

　　鞋靴的造型设计主要涉及部件线型、形状、材质、色彩以及虚实等方面。

（一）线型的调和与对比

　　线型是鞋靴造型中最富有表现力的一种手段，线型在鞋靴造型中表现为帮部件轮廓线、帮部件组合工艺的缝纫线、帮面装饰线三方面，线型的对比能强调造型形态的主次及丰富形态的情感，线型的调和能够加强某类线条在鞋靴造型中的流畅风格。线型的调和与对比，主要表现为直与曲、粗与细、长与短、实与虚等，具体规律如下。

　　1. 线条直与曲的调和与对比

　　直线条给人以严格、坚硬、明快、力量感，曲线给人以运动、温和、幽雅、流畅、丰满、活泼感。将其运用在男鞋设计中，曲线的线条柔和美，与中帮处的直线线条形成鲜明的对比，给人以干练、进取、积极向上的奋斗感，如图 1-2-8 所示。在女鞋设计中，如图 1-2-9 所示，清晰的线条与明亮的黄、蓝、白颜色的反复出现，给人一种青春朝气、清新自然的动感美，展现出了女性纯真、善良、友爱。

　　2. 线条粗与细的调和与对比

　　粗线给人产生厚重强壮感，细线给人产生敏锐感，调和能够加强各自的风格，对比能够实现两者之间丰富的形态情感。

图 1-2-8　线条直与曲的调和与对比

图 1-2-9　线条与色彩的搭配

图 1-2-10　线条实虚的对比与调和

图 1-2-11　设计中的虚实对比

3．线条实与虚的调和与对比

实线条给人以结实、厚重感，虚线条给人以兴奋、精致感，虚实的调和能够突出各自的风格，对比能够展现两者之间强烈的变化。如图 1-2-10 所示，帮面出现城墙状、砌砖形式的虚线条，表现了男性工作中吃苦耐劳的精神；黑色带的流动和紫色带的律动穿插组成的凉鞋，给人一种耳目一新的感觉，如图 1-2-11 所示。

（二）虚实的调和与对比

虚实的调和与对比表现在鞋靴的线条上，还体现在材料的拼接上。如图 1-2-12 所示，珠光革的帮面上加上星星点点的白色水钻的装饰，显得高贵大气，与透明材质塑料的拼接，透露着和谐自然的美感。

（三）材质的调和与对比

材质的调和与对比是通过不同材料表面的纹理来实现的，如材料表面的凹凸、粗细、软硬等。材质的改变虽然不会改变造型的形体，但由于它具有很强的感染力，从而使人们产生丰富的心理感受，材质的调和与对比能够实现和加强鞋靴材质的丰富情感，如图 1-2-13、图 1-2-14 所示。

图 1-2-12　拼接虚实的对比

图 1-2-13　鞋帮与包跟
材质的对比

图 1-2-14　表面花纹的凹凸对比

四、对称与均衡

对称是一种等量、等形的组合关系，一般情况下是指整体关系的对称，如上下对称、左右对称、放射对称、色彩对称等。对称的存在形式有绝对对称和相对对称两种。在绝对对称的图案中，对称轴线两侧的形、色、量都是绝对相同的，极为稳定但略显呆板；相对对称是在对称结构中有少部分形或色出现不对称的现象，这种形式比绝对对称略显活泼自由一些。

对称的设计具有稳定、安静、完整的视觉特征，它是审美风格中的一种理想化体现。对称形式虽然在视觉上显得有些呆板，但由于它的展示常常出现在有自由曲线状态的人体身边，通过对比反而衬托出一种特别的端庄大方感。

均衡是指通过调整形状、空间和体积大小等取得整体视觉上量感的平衡，是一种等量而不等形的现象，它强调的是力的平衡，就如同天平的两端或许体积不同但重量是相等的，对于设计中视觉均衡的处理除了表现在形的平衡外，还表现在结构的平衡和色彩的平衡上。

对称与均衡是从形和量两方面给人平衡的视觉感受。对称是形、量相同的组合，统一性较强，具有端庄、严肃、平稳、安静的特征，给人以静态美、条理美的感受，它的结构严谨规整，装饰味道浓厚；不足之处是缺少变化。在鞋靴装饰设计中，对称法则的体现和运用十分常见。均衡是对称的变化形式，是一种打破对称的平衡。这种变化或突破要根据力的重心，对形与量加以重新调配，在保持平衡的基础上，求得局部变化。如图 1-2-15 所示，耳式鞋、凉鞋以背中线为轴线的对称，且通过均衡，给人以平衡、舒适的视觉感。

对称的形式在鞋靴设计中比较保险，容易被接受，但创新难度大。而均衡有着更多的变化空间和形式，容易产生新的效果。如图 1-2-16 所示，偏转式鞋的设计就是均衡法则的体现，偏转式鞋的设计既有视觉上的稳定感又使设计显得生动活泼。

图 1-2-15　设计中的对称与均衡

图 1-2-16　偏转式皮鞋

五、比例与尺度

　　比例适度、体积协调是鞋靴设计中美的体现。亚里士多德在谈到美时说："一个有生命的东西或是任何由各部位组成的整体，如果要显得美，就不仅要在各部位的安排上见出秩序，而且还要有一定的体积大小，因为美就在于体积大小和秩序。"所谓秩序就是比例。在长期的艺术实践中，艺术家们已经总结出了一系列适合于艺术表现的理想比例关系，比较著名的有黄金分割比、平方根矩形分割、达芬奇的理想人体比例等。合适的比例与尺度给人视觉上一种稳定感，而具有稳定感的造型是赏心悦目的。

　　比例与尺度这一项形式美法则在鞋靴设计中也被广泛应用。如图1-2-17所示，男式三节头鞋靴，中帮与包头之比近似为1：2，就能给人适度悦目之感；女士凉鞋的比例与尺度使其给人一种时尚、大方之感。

图1-2-17　设计中的比例与尺度

第二节　鞋靴的装饰形式

　　大千世界形态各异，形态要素是将形态分解到人能觉察到的形态限度，归结起来无非是由一些点、线、面、体等要素组成的，在设计领域中同样具有重要的意义，在某种意义上说，鞋靴造型艺术是由面构成体的过程。点、线、面、肌理等因素为造型设计的构成要素，重复、渐变、对比、错视等原则是将这些要素组合使之表现的形式构成法则。由于其自身具有独特的性格特点，所以当这些形态要素运用到鞋靴设计上，会产生不同的视觉效果，丰富了鞋靴的造型。

一、点

点是构成几何图形的最小元素，在几何学上的点，只有位置而没有形状大小的区分，有一定聚集视觉的作用。对于点的设计就是产生某些画面上的细小形象。孤立的点不具有性格表现，而点的某些组合显得十分活跃，或者给人一种线的感受，或者给人一种面的感受，点的组合使得点具有了形的视觉，也给人以美的感受。

图 1-2-18　花眼位置变化

在鞋靴设计中，点的运用非常重要。尽管点的体量比较弱小，但具有活泼、灵动、精巧及空间距离等感觉，且点的轮廓为封闭形，在视觉感受中具有凝聚视线的特性，所以"点"的造型很容易导致视觉集中在它身上，会出现视觉上的注目感、集中感。尤其是当点与其周围环境在色相或者明度上差异较大时，注目感就会显著增强。如夜晚大海上的灯塔、暗室中的一盏灯、黑夜中的萤火虫等，都会吸引我们的视线。如图 1-2-18 中花眼位置与大小的变化，可产生不同的艺术效果，在设计中恰如其分的运用，能起到突显鞋子风格的功效；如图 1-2-19 所示，卡通形状的铆钉在鞋口边缘的装饰，使得鞋子显得活泼可爱。

图 1-2-19　金属色铆钉装饰

在鞋靴装饰中，设计师也可以利用点的注目感原理构成视觉加强点，并通过视觉加强点的程度不同，来调节人们对于形态观察时视觉运动的先后次序。鞋靴设计中用各种大小不同的零部件以突出局部，构成装饰和美化的效果，提高对人的视觉冲击力，达到广泛吸引消费者注意力、激发消费者购买欲望的促销效果。如图 1-2-20 所示，圆形、锥形的铆钉在鞋面上的装饰使休闲鞋显得圆润、温柔和随意，使金属的厚重感得到了缓冲，该款式时尚前卫；如图 1-2-21 所示，圆锥形的铆钉在后跟处的装饰，透明塑料鞋帮面给人一种清爽感，金色铆钉排列形成的鞋后跟部位显得更光彩夺目。

图 1-2-20　圆形、锥形铆钉

图 1-2-21　鞋后跟的金色铆钉装饰

点的装饰，可由点的大小、点的亮度和点之间的距离不同而产生多样性的变化，并因此产生不同的效果。同样大小、同样亮度及等距离排列的点，会给人秩序井然、规整划一的感觉，但相对显得单调、呆板。不同大小、不等距离排列的点，能产生三维空间的效果。不同亮度、重叠排列的点，会产生层次丰富、富有立体感的效果。点的连续排列可以形成虚线，点的密集排列可以形成虚面。当点与点之间的距离越小，就越接近线和面的特性。由点构成的虚线、虚面，虽没有实线、实面那样具有具体、结实和厚重的感觉，但虚线、虚面所具有的空灵、韵律、关联的特殊感也是实线、实面所不具备的，如帮面的缝合线迹、鞋眼排列、花孔的组合等。如图 1-2-22 所示，花孔的组合形成的虚线，立刻点亮了鞋的造型。如图 1-2-23 所示，点的密集排列使帮面灵动而富有设计感。

图 1-2-22　点的线化

图 1-2-23　点的面化

二、线

点的移动产生了线，线最显著的特征就是具有方向感，经过组织的线可以产生旋律感。如果说视觉中的点具有相对的稳定性，那么，线则更富有运动感，线能引导我们的视觉去延续运动的探索。同时，线又有位置、方向的变化，分为直线与曲线。因为直线是两点之间距离最短的线，常给人一种简捷、单纯、理性之感，其中水平线不但舒展、平稳，同时给人以广阔和无限之感；直线多用于男士鞋靴设计上，体现男士硬朗、庄重、大方的一面；而斜线却表现出运动、轻盈、混淆和不安定的特质，常用于运动鞋的设计中以表现出速度之感；优雅流动的曲线更具有间接性、含蓄性、神秘性及柔和性的魅力，疏密有致的变化，可产生强烈的韵律感。直线与曲线各有其魅力，各有其造型功能，两者所体现出的刚性与柔性、直接性与含蓄性、单纯性与丰富性、速度与迂回感，以及理性意味与感性意味等各种本质上的矛盾，能够形成鲜明的互相衬托、补充的特点，构成事物的丰富、和谐与完美。同时使造型对情感和情绪的表达更加准确、细腻，视觉魅力更加生动、有趣。

　　线的构成方法很多，或连接或不连接，或重叠或交叉，依据线的特性，在粗细、曲直、角度、方向、间隔、距离等排列组合上会变化出无穷的效果。如将粗细不同的线按次序排列，可产生视错感，一般适合于休闲女鞋和童鞋的设计中，表现出女性的温柔、秀丽及儿童的活泼、跳跃之感。鞋靴设计中的廓形变化、结构分割以及虚实表现等都离不开线的巧妙运用。

　　总的来说，在造型艺术中，线是纵横多变的，各种各样线的存在，使鞋靴设计风格迥异。在鞋靴的造型与结构设计中，涉及的线条包括轮廓线、结构线、装饰线、褶裥线和鞋靴各个部件如拉链、鞋带、扣带及鞋面帮的造型线，如图1-2-24至图1-2-27所示。鞋靴的装饰线包括镶边线、嵌线、细褶线、明缉线、波浪线以及线条形态的装饰花纹等。因此，在设计的时候选择不同的线，对鞋子体效果的影响也是不同的。镶边线装饰的鞋体现一种舒适、大方、时尚的风格（图1-2-28）；明缉线给人以休闲、舒适感（图1-2-29）。

图1-2-24　轮廓线

图1-2-25　结构线

图1-2-26　装饰线

图1-2-27　造型线

图1-2-28　镶边

图1-2-29　明缉线

三、面

面是线移动的轨迹，面在空间占据一定的位置，具有二维空间的性质，有平面与曲面两种。因为面的轮廓是线，而面的轮廓特征又决定了面的形状特征，如圆形、方形、三角形、多边形等几何形以及不规则的自由形。方形稳定而庄重；圆形有轻快、丰满圆润之感；三角形有强烈的刺激感和不安感；自由形则变化丰富、随意，具有神秘之感。尤其是不规则的面，这种相对静止的、缓慢的、快速的运动节奏感，就如同音乐上的休止符、二分之一拍、八分之一拍节奏旋律，形成了画面强烈的音乐涵义。

在鞋靴造型中，面的应用是深层结构的完美体现，主要体现在大的外轮廓鞋头及装饰线的变化上。如男士鞋靴前帮面多以方头形设计居多，也会方中有圆，体现男性刚中带柔的一面；而在女鞋结构中以曲面为主，皮鞋的前帮面设计多采用圆形或尖形，使女性显得更加阴柔妩媚。在设计时，常将整块帮面材料视为几个大的几何面，这些面按比例有变化地组合起来，构成了鞋靴的大轮廓，然后在轮廓里，根据功能和装饰的需求，做小块面的分割，如形成素头、围盖、镶盖、缝埂（皱头）、开包头等基本款式。

面相对于点和线，具有较大的面积，可以由点和线的均匀聚集而构成。面具有极其丰富的形态。

（一）几何形面

几何形面是指由直线或几何曲线构成的面。直线形面具有安定、简洁、理智、严谨、有条理的效果，而几何曲线组成的形面则显得柔软、整齐、弹性、有张力。几何形面由于只遵循一定的规律，所以会产生呆板、单调的感觉。如图 1-2-30 所示，男鞋缝线分割形成的方形面，这种几何形面让整双鞋显得柔软富有张力，适合秋、冬季节鞋靴的设计；女鞋造型形成的几何形面，使得鞋子的立体效果更强。

（二）自由形面

自由形面由自由曲线、自由曲线结合直线或直线与直线自由组合而成，具有鲜明的自然

图 1-2-30　几何形面

性和活泼感，显得丰富、生动，可以遵循一定的规则，也可以参差变化，在设计时，往往会产生出乎意料的生动效果。

面在效果图的表现中也可以作为图底设计，由于设计画面的需要，必须把设计的画面与画面中心图形统一考虑，这就是图与底的形成。画面中的"图"指的是设计者所创作的效果图，"底"指的是画面本身未经设计的底纸、背景或创作图的赋形。图和底是一个有机的整体，在设计时要注重两者的相互依存、相互对比和相互衬托。如图1-2-31所示两款拼接鞋中自由形面的应用就使原本基本款式的鞋变得丰富复杂起来。

在鞋靴设计中，常将相同或不同的材料以各种形状的小块片或条片拼合在一起，使材料之间形成拼、缝、叠、衬、透、罩等关系，创造出各种层次对比、质感对比以及缝线凹凸的肌理效果。这种利用多种不同色彩、不同图案、不同肌理的材料拼接成有规律或无规律图案的方法就是拼接法。拼接法是在鞋面上放置分割线，使原来的形状由大化小、由整化零。实际运用时，可分割后用原料拼接，也可用不同材料或色彩来调换被切割的部分，拼接后的外部形态不变，视觉效果却变得丰富和复杂起来。拼接可以是平接，也可以在接缝处有意进行凹或凸的处理，将面料折叠或加皱后予以固定，形成规则或不规则的褶皱，也起到较好的装饰作用。如图1-2-32所示，不同色彩的拼接使鞋面形成一定的层次，增加了鞋面的灵动以及时尚感；如图1-2-33所示，不同肌理材料的拼接可突出表现设计师想要表达的主肌理、风格。

图1-2-31　自由形面的拼接

图1-2-32　不同色彩的拼接

图1-2-33　不同肌理材料的拼接

图1-2-34　男式商务休闲鞋

图1-2-35　休闲女式鞋

图1-2-36　松糕鞋

图1-2-37　时尚细高跟

四、体

当点、线、面有了一定的厚度时，就成为体，厚的材料体有壮实感，薄的材料体有轻盈感。分割面越少的体量有刻板、单调、冷漠的感觉，分割面越多的体量就越显得活泼、丰富。

人的脚有正面、背面、侧面等不同的体面，还有行走时脚所形成的各种形态。因此。鞋靴设计中必须注意到不同角度的体面形态特征，同时，还要考虑到鞋靴的功能特征，使其形体与功能融为一体，且鞋楦的设计起着至关重要的作用。就鞋靴自身来讲，鞋帮、鞋底属实体的话，那鞋楦就是起填充作用的虚体。只有实体与虚体完美地结合，才能达到"看着舒服，穿着舒服"的境界，使鞋靴设计更加和谐优美。

一体成型的男式商务休闲鞋，一气呵成，光泽明亮，给人一种睿智霸气的感觉，如图1-2-34所示，显示出穿着者英姿勃勃、清新俊逸；女鞋上青色的防水台与脚腕的青色细带相辉映，蓝色、紫色的帮带与几何堆积形状的鞋跟相统一，给人一种立体不失协调的美感，如图1-2-35所示。

厚厚的防水台配上粗高跟，后跟用动物皮纹理的材质进行包跟处理，与鞋口处的边遥相呼应，再加上流苏的点缀，高冷中透露着灵动，美不胜收，如图1-2-36所示。

细高跟永远是女性们表达性感特征的典型形象。一般情况下，细高跟与尖头型楦相搭配，使女性的脚显得纤细修长，高跟使脚背拱起来，凸显出高雅浪漫气息和雍容华贵的气质，尖头或者是尖圆头形象犀利地指向最前方，把时尚感和个性感张扬出来，如图1-2-37所示。

五、肌理

由于材料表面的排列、组织构造不同，使人得到的触觉质感和视觉触感叫肌理。简单地说，就是物体表面的组织构造给人的视觉和触觉感受。肌理可以通过材料本身具有的表象来体现，如皮革表面粒纹的凹凸、粗细、软硬、光滑等，也可以通过一些工艺手段来处理，如编织、拼合、雕刻、皱褶、烫印等。

材料作为鞋靴外观设计的物质载体，其属性决定了鞋靴的面貌和风格。当代的鞋用材料，在艺术上的表现，就是将人们日常生活中的审美体验融入到制鞋材料中，在追求鞋用材料舒适性的同时，人们对鞋用材料视觉多样性的要求也越来越高，达到心理和生理舒适性的完美结合。

随着时代脚步的不断发展，除了材料本身的性能，在时装鞋的设计上，爱美女性则更注重材料的再设计。传统的制鞋装饰手法往往依赖于材料图案，即刺绣、拼接、雕、刻、镶、嵌、印染等，但是这些手法都趋于平面化，缺乏材料的立体造型艺术。

（一）动物皮肌理

肌理通过形态、色彩及光影等表现形式，给人以不同的心理感受和艺术感染力。利用特殊的肌理变化可以使产品的个性突出，也可以借助肌理表现材料特色（如草绳编织、鳄鱼纹、鸵鸟纹等），丰富鞋靴的造型。

鞋靴所用材质的肌理不同，鞋靴的表达效果也不同。如图 1-2-38 、图 1-2-39 所示，鱼皮、鳄鱼皮等应用在男鞋设计中，大的鱼鳞片纹给人简单大方的感觉，展现出了男性狂野、气势磅礴的精神气概；如图 1-2-40 所示，紫色细密的蛇皮纹给人紧凑的感觉，体现出了女性的地域风情，不羁中又透露着俏皮，做事情放得开、不受约束、不受控制，很有主见，且非常独立。图 1-2-41 深红色鸵鸟皮鞋帮，因本身纹路的特别性，起到了自身修饰的作用。

图 1-2-38　鱼皮肌理

图 1-2-39　鳄鱼皮肌理

图 1-2-40　蛇皮肌理

图 1-2-41　鸵鸟皮肌理

图 1-2-42　珠光革材料

图 1-2-43　金属色材料

图 1-2-44　银色颗粒状材料

（二）装饰性材料肌理

除了材料的物理性能，其纤维性能和组织结构的改善，也是材料创新的一大突破，以前依赖于天然的棉、麻、丝、毛等传统材料，随着科技的高速发展，现代的化学纤维即涤纶、锦纶、腈纶、氨纶等的出现，人造革现在已经占据了时装鞋设计的主导地位。这些纤维织造或者是结合天然纤维混纺制成的材料，更加柔韧、挺括，且其光泽度更好，视觉艺术效果表达更加细腻，在外观上表现出各种性格。如图 1-2-42 所示，珠光革材质本身是光亮中带着朦胧的透明感，给人以无限梦幻遐想的空间。

金属色的质感，带有高贵水晶玻璃的装饰，是女鞋款式造型的主要流行元素，在璀璨夺目的水晶玻璃的炫耀下，整个鞋子彰显高贵气质的同时带有很强的个性，显得格外高雅，让穿着者真正感受到足下生辉的神奇魅力，如图 1-2-43 所示。

银色颗粒状纹理的材料让整只鞋子闪闪发光，让穿着者熠熠生辉（图 1-2-44）；串珠装饰的材料，简单却不失单调，处处散发着甜美清纯的气息（图 1-2-45）；在金色漆皮材料上镂空处理，形成了帮面材料独特的纹理，高贵大气，镂空工艺不仅仅起到了修饰的作用，还增加了鞋子的透气性（图 1-2-46）；在反绒面材质上压印出猎豹的纹理，突出野性美之外，增加了穿着者的成熟美（图 1-2-47）。

图 1-2-45　串珠装饰材料

图 1-2-46　漆皮装饰材料

图 1-2-47　豹纹反绒毛装饰材料

六、色彩

　　色彩作为一种视觉元素，在人们的视觉印象中，总是具有先声夺人的特殊效果，特别是在女时装鞋的设计中，色彩具有极其重要的作用。

　　对于色彩的提取同样也是多元的，不同层次彩色的搭配创造出不同的视觉效果，给人们带来更多的遐想，也给设计师提供了更多的创意思想来源。

图1-2-48　整体装饰

（一）彩色图案装饰

　　图案和色彩可以是整体色彩呈现，即将图案铺满整个鞋帮面，如图1-2-48所示；也可以是局部装饰，以点、线的表现形式通过大小、疏密、形态、虚实、排列等方式灵活处理，如图1-2-49所示。

　　图案和色彩的装饰，往往会更多地集中在鞋的帮面（图1-2-50）。随着时尚和潮流的快速变化，人们追新求异的心理也在不断变化，鞋跟和鞋底的色彩、图案也是时装鞋展示效果的重要部位，如图1-2-51所示。

图1-2-49　局部装饰

　　不同种类、不同风格的鞋靴，其色彩表现出时尚性的内容以及程度也不同，色彩是女时装鞋时尚性表现的主要依据之一。随着国籍、地区、民族、性别、年龄、职业、穿用场合以及穿用目的的不同，不同消费者的色彩审美偏好与需求也不同。如红色在中国象征着吉祥、喜气、热烈、奔放、激情、斗争以及革命；白色在中国通常是不吉利的象征（在中国许多地方，葬礼时基本上都需要佩戴白色的布条或者是穿着白色的鞋、和服饰），而在国外，白色是纯洁、清纯、神圣的象征。时装鞋色彩的变化范围大，设计师通常利用色彩的各种属性进行时装鞋的设计，以突出时装鞋的创新性和艺术性。

图1-2-50　鞋帮装饰

图1-2-51　鞋底装饰

（二）色彩的性别差异

女性对于色彩的追求更具有多变性和多样性，女性大多追求鲜艳、闪亮的颜色，如红色、黄色、蓝色、紫色、橙色等。

清新亮丽的色彩能将女性的自然、热情、明快的感情色彩展现出来。白色代表着女性的纯洁和神圣，白色鞋靴（图1-2-52）深受女性喜爱，喜欢白色的女性体现出了她们通情达理、善解人意的性格；绿色往往让人联想到生命和希望，喜欢绿色的女人是最快乐的，她们积极向上充满活力，大多数都能愉快地面对挫折和苦难，绿色鞋靴给人一种积极向上的拼搏感（图1-2-53）；蓝色象征清新与宁静，给人忧郁之感（图1-2-54），喜爱蓝色鞋靴的女性非常有智慧，有"才女"之称，她们责任心很强，具有很强的组织能力，但可能因为自我意识太强会让旁人敬而远之；紫色代表高贵神秘（图1-2-55），倾向于紫色鞋靴的女性对自己和别人的要求都很严格，她们有敏锐的直觉，判断力准确，也颇有领导、组织的才能；玫红色象征典雅和明快（图1-2-56），喜欢玫红色的人热情、活泼好动、行动力强，运动神经还很发达，极富正义感；黄色是中和色（图1-2-57），代表着明亮和富贵，黄色是"人缘好"的代名词，喜爱黄色的女性喜欢交朋友，能很好地表达自己的感情，也具有很强的亲和力，让人信赖。

成熟男性主要偏爱棕色、褐色、灰色、黑色几大暗色鞋系；浅黄、浅红、浅绿是一些年轻男士的厚爱，如图1-2-58至图1-2-61所示。

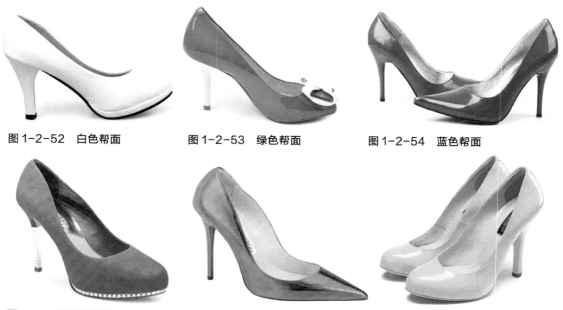

图1-2-52　白色帮面　　　　图1-2-53　绿色帮面　　　　图1-2-54　蓝色帮面

图1-2-55　紫色帮面　　　　图1-2-56　玫红色帮面　　　图1-2-57　黄色帮面

图1-2-58 棕色帮面

图1-2-59 浅青色帮面

图1-2-60 浅黄色帮面

图1-2-61 浅红色帮面

（三）色彩的年龄差异

随着年龄的增长，不同年龄阶段的男性和女性对颜色的追求也有所变化。

粉色系列的颜色（粉红、粉紫、粉黄、粉蓝等）多是少女时代的执着追求；而青年女性则喜欢高纯度颜色的鞋靴，如当下最流行的撞色（大红、宝石蓝、橙色、柠檬黄等）鞋靴；中年女性对鞋靴颜色的喜好则偏向于低纯度颜色（灰色、米色、灰蓝色、驼色、土色等）；进入老年后，"老红"则体现了老年人对高纯度色的追求，因为高纯度色给人活泼、健康感，能够促进老年人对美好生活的追求。不同年龄段的女性对红色的喜好不同，大多数中年女性或者职业女性喜欢玫瑰红或者紫红色，而粉红色是少女们的追求，中老年女性则更偏好深红色或者是暗红色，儿童喜欢高纯度的大红色。

图1-2-62 粉色帮面

如图1-2-62所示，清纯甜美的粉色，加上后跟处月牙形金属装饰件的点缀，使得鞋子显得自由、轻松，清纯中透出淡淡的性感迷人的魅力；图1-2-63中这款新娘鞋通过水钻的装饰给鞋子赋予了高贵奢华的品质，纱丁布鞋面给人以细腻、性感、优雅的感觉，大红色的喜庆以及闪亮的水钻，不仅展现了女性对爱情以及婚姻的美好向往，

图1-2-63 大红色帮面

图 1-2-64　鞋口装饰与玫红色帮面

而且象征着以后生活的幸福、美满；图 1-2-64 中简单的帮面结构，青春洋溢、甜蜜可人的俏皮优雅糖果玫红色，让人能够瞬间感受年轻的活力，不论是在生活中，还是在工作中，穿着这款鞋子，都能颇显女性的干练、激情、活泼、爽朗的性格，整个鞋子展现的视觉魅力则是简单而不失时尚。

男性对颜色的选择相比女性来说，显得比较单一，主要以黑色、棕色、褐色为主，这些颜色适合各个年龄段的男性（图 1-2-65 ）。

图 1-2-65　黑色帮面

（四）色彩的地域差异

不同的国家，对于鞋靴色彩的追求也是不同的，"中国红"足以表明中国汉民族对热情、奔放的红色的强烈喜好；日本大和民族则喜欢纯洁、高尚的白色，厌倦红色、蓝色等高纯度颜色；法国卢西人和巴西人却偏好象征和平与美好的绿色；欧洲人普遍追崇认真、深沉、高贵的咖啡色以及驼色。同一个国家、不同民族的人们对鞋靴色彩的追求也不相同；同一民族、不同地区的人群也会有不同的色彩取向。我国就比较喜欢高纯度的色彩，通常看东北的"二人转"则能感知其服装色彩的鲜艳度，相对来说，高纯度色更能给人一种温暖的感觉；而对于江浙一带的南方人，淡雅、清爽、洁净的颜色更符合南方柔情水乡的情怀。

图 1-2-66　男式职场穿着鞋靴

（五）色彩的穿着场合差异

在不同的场合，人们对鞋靴以及服饰的选择是不同的，在办公室或会议室，需要能够体现出穿着者端庄稳重的鞋子。一般情况下，职场用鞋，不管是男式还是女式鞋，都以黑色为主色系，体现出工作者的精明能干、沉着稳定，如图 1-2-66 所示。参加派对或晚会的鞋以得体、炫彩夺目为主要的设计灵魂，让穿着者引人注目，如图 1-2-67 所示。

图 1-2-67　女式晚礼鞋

第二篇
女鞋装饰设计

PIECE

02

随着世界时尚潮流的发展，女性对于服装整体协调性的要求不断提高，对于美丽和时尚的追求与日俱增，从以前的注重服装美到注重鞋靴服饰的整体美，鞋靴在女性心目中的消费地位大大提高。女性所追求的服装整体、和谐、统一的效果是集形式美、精神美、视觉美于一体的综合的美。鞋靴作为女性整体形象塑造中的一个重要因素，很大程度上决定着女性的审美观及外在形象气质，而体现女性魅力的关键就在于服饰与鞋靴搭配的协调统一性。女鞋的个性化和多样化很大程度上取决于女鞋所用的装饰设计，装饰设计通常在一定程度上起到衬托服饰的整体美以及画龙点睛的作用，可以增加人本身的气质。装饰件塑造了鞋靴美观及舒适性，这种装饰效果是装饰手段、工艺、装饰材料及装饰品色彩等方面共同相互作用的结果。

第三章
女鞋装饰元素

　　鞋靴作为一种实用产品来讲，其设计的本质是由各种元素组成的。组成时装鞋的设计的元素有形态、材质肌理、色彩、图案、配件以及装饰工艺等。鞋靴的设计则是对这些元素的组合和创新运用，而对于女鞋的设计，形态、色彩、图案以及配件对鞋靴的整体表现效果起着更重要的作用。常用的设计手法是对传统鞋款的借鉴、夸张处理和变形，对材料、花色以及配件的重组与再设计，呈现出现代时装鞋时尚性与个性化的特点。

　　时装女鞋设计总体要求是运用形式美法则和各种造型要素，使鞋靴造型具有独特性和较高的艺术性、文化性。设计往往带有主题性，设计师围绕某个流行主题去展开自己的想象力，组织运用各种造型要素，使其具有一种内涵。设计师在围绕某个主题设计时，各种造型要素必须贴切地诠释自己要表达的主题内涵。这种带有主题性的设计适合进行系列组合，以形成较强的视觉冲击力。女鞋的造型设计诸要素中，形态要素、色彩要素、图案要素和配件要素发挥的作用较大。本章主要根据装饰元素的材质进行女鞋装饰设计的探讨。

第一节　金属类

　　每一种金属材质都有着自己独一无二的个性特征，如黄金的富丽、白银的高贵、青铜的凝重、不锈钢的冷峻等，或者是金属装饰件材质的光滑与粗糙、坚硬与柔软、轻与重、冷与热等，都会给人们带来不同的心理联想和视觉审美感受。不同色泽、不同材质的金属装饰件赋予鞋靴不同的性格。不同金属装饰件的配饰，其表达力、表现力和感染力不同，形成了不同的、多元、独特、创新的艺术理念。金属配件在鞋靴中的用途主要是连接、装饰等。

　　从古到今，金银色闪烁的光芒酷感十足，折射出人们内心追求美的热情和对未来的憧憬，尤其是金银色或者是金银色点缀的鞋靴，是广大女性消费者所喜爱的"奢侈品"。因此，金银色元素从来都是时尚设计师玩转时尚的一枚金钥匙。金银色帮面材料除了其色彩的个性外，还体现在材料的肌理、光泽变化上，不论是应用在帮面材料、装饰配件，还是鞋底或者是鞋跟，金银色总能使整个鞋子显得流光溢彩，奢华无比，使得穿着者成为焦点人物（图 2-3-1）。

图 2-3-1　金（左）银（右）色帮面装饰

一、铆钉

铆钉在女正装鞋中应用较多，突出女性简洁、干练之美，多用于鞋头及沿口一周的装饰，金色的铆钉和金色的帮面形成了和谐统一的节奏，金属的质感以及金色的华丽，是许多女性的追求（图 2-3-2）。

图 2-3-2　金色铆钉

圆锥形的绿色铆钉通过一定的组合方式，在凉鞋的条带上做装饰，增强了鞋子的整体立体感（图 2-3-3）。

铆钉在鞋口部位经过规整地排列形成了一条鞋口线，正方形的铆钉造型加上金属的光泽感，将观者的视线全部吸引在金属亮点上（图 2-3-4）。

另外，铆钉还具有一种功能，就是衔接帮部件，这样应用可取得一举两得的效果（图 2-3-5）。

图 2-3-3　绿色圆锥形铆钉

图 2-3-4　银色铆钉　　　　图 2-3-5　铆钉拼接

二、金属链

（一）金属拉链装饰

拉链具有两方面的作用：一是拉链隐蔽性好，具有密封性和方便灵活的实用功能；二是装饰效果好，使得鞋靴个性更加张扬。

拉链作为一种最常用的开合工具在鞋靴上使用，很受欢迎。拉链具有特殊的锯齿结构，作为装饰，是时尚奢华的一种展示，尤其是金银色的金属拉链，拉链头会随着拉链开启程度的变化而变化相应的位置，合齿线又给人一种线的视觉感受，能够强化鞋靴的造型以及鞋靴材质的对比美，金属色赋予了鞋靴极其强烈的现代感和华丽感。

靴子外踝处采用铜拉链（图 2-3-6），独特的个性金属拉链在鞋后跟部位的装饰，与简约的鞋帮面产生了强烈的对比感，使鞋子简约而不失简单时尚韵味；通过嵌线工艺，将拉链嵌在鞋子的帮面，也是拉链在鞋子上装饰的一种表现手法（图 2-3-7）。

图 2-3-6　拉链的功能装饰性

图 2-3-7　拉链在鞋帮面的装饰

（二）金属链条装饰

金属链条装饰在鞋子上面的装饰，起到了点亮鞋身的作用，在走路过程中，金属色的闪耀以及链子摩擦的小声音，吸引了观者的眼球（图 2-3-8）。

金色的细小链条与金色的鞋眼穿插交错，装饰在鞋后帮和鞋跟部位，给人一种眼前一亮的感觉，蓝色与黑色的帮面分割因为金属链的装饰而不会显得突兀（图 2-3-9）。

纯净淡雅的白色高跟凉鞋，因脚腕处金属链的装饰和珠子的点缀，让整个鞋变得俏皮可爱（图 2-3-10）。

图 2-3-8　金属装饰链在前帮

图 2-3-9　金属装饰链在后跟

图 2-3-10　金属链与珠子组合装饰

图 2-3-11　金属圆环组成的链装饰

图 2-3-12　金属装饰组成的流苏

图 2-3-13　金属中国结饰扣

　　黑色细高跟给人无限的遐想，跗背处金属环组成的金属链装饰无疑是锦上添花，让整个鞋子变得高贵典雅（图 2-3-11）。

　　金色的金属细链按照一定次序有规律地排列，组成了金属流苏"瀑布"，上下两层交相辉映，将奢华之感展现无遗（图 2-3-12）。

　　（三）其他

　　除了以上所说的常见的金属饰扣、拉链等装饰件对女鞋的装饰。还有其他金属造型的装饰件，如中国结，优雅大方，又彰显中国传统气质（图 2-3-13）。

第二节　塑料类

　　塑料的成型加工性能好，可进行大批量的生产及加工，因此，塑料制品的造型千变万化。塑料制品对于鞋靴的装饰，通常以饰扣的形式出现在鞋靴中，如纽扣、扣件，还以珠子以及其他装饰件的形式出现。

一、塑料材质

塑料材质做成的凉鞋也很受广大爱美女性的欢迎，近年来，许多透明鞋出现在年轻女性的脚上，一眼看去，纤细柔美的脚展现出一种性感美（图2-3-14）；透明塑料材质形成的帮面上，通过铆钉的装饰，整个夏季显得更加清爽（图2-3-15）。

图 2-3-14　塑料材质帮面凉鞋　　　　　图 2-3-15　塑料装饰与铆钉相结合

二、塑料水钻

镶钻在女正装鞋的装饰件中很常见，光彩夺目的水钻使女鞋看起来更加高贵典雅，尊贵不凡，一般多用于鞋头及绊带的装饰上。随着消费者对晚礼鞋细节化、个性化、时尚化要求的不断提高，设计师将许多时尚元素运用到鞋靴设计中，其中水晶钻石的高贵最能烘托出晚礼鞋的气质了，是设计师对晚礼鞋进行创意性设计的一大灵感来源。水晶钻石对鞋靴的装饰，或者是整鞋的，或者是局部的，以一定数量、大小、排列方式形成的某种图案来丰富鞋靴帮面的造型。水钻有不同的颜色，而色彩是人们对外观的第一感知，会影响人们的审美情绪。

钻类装饰物所具有的特性是晶莹剔透、光艳四射，给人以高贵、华美的视觉感受，自然界的钻石是非常稀有的，非常珍贵，是富豪贵族人士的专属。随着高科技的发展，人工合成钻石仿制品已经达到了炉火纯青的状态。因此，对于鞋靴设计，钻石作为装饰物不再是很稀罕的事情。

水晶玻璃是一种兼有水晶般透明闪亮、洁净无瑕、晶莹剔透和玻璃的透光性的材质。天然水晶的价格非常昂贵，水晶玻璃则相对价格低廉但不失天然水晶所具有的特性，因此，水晶玻璃具有很好的市场应用前景。运用在鞋靴上面的装饰，水晶玻璃的装饰和点缀，使得鞋靴的造型千变万化。将水晶玻璃置于鞋子的显眼部位，由于其透色、反光的特性，吸引了广大爱美女性的眼球。除了其透光、反光明显，水晶玻璃还具有色彩丰富、品种多样的特性，在鞋靴的装饰中，起到了点亮鞋身的作用，让女性在行走的过程中，具有自信、轻盈的感受。

镶钻装饰件给人一种稳重、大方、得体、典雅的感觉，很适合用在女士正装鞋上。镶钻装饰件单用在鞋头上使整款鞋简约但不单调，符合白领女性的审美观念，可以将其干练、稳重的个性淋漓尽致地表现出来（图2-3-16）。

图2-3-16　钻装饰件

在对鞋靴进行装饰时，通常根据鞋靴帮面的颜色进行塑料水钻颜色的选择，帮面颜色艳丽时，选择各种颜色的水钻进行装饰，会展现其高贵华丽的风格；鞋靴帮面冷色偏多时，则选择同类颜色的水钻进行装饰；有时候为了突出鞋靴的色彩以及风格，则会选择对比色的水钻进行装饰。全帮面水钻镶嵌装饰的罗马风格凉鞋，银色给人以丰富的想象，它代表纯洁、神秘、梦幻，显得典雅低调，使得穿着者有熠熠生辉的、轻松自信的感觉（图2-3-17）；帮面鲜亮的黄色搭配黑色的宝石水钻以及仿真珍珠，与相应的连衣裙搭配，使得这款晚礼鞋显得更加高贵（图2-3-18）。

红色水晶玻璃的迷人与热情仿佛点燃了穿着者的激情，在火热的夏季尽显女性性感之美（图2-3-19）。水钻加上帆布以及皮革流苏，在鞋背部的整个装饰物，形成一种特殊的海外民族风情，水钻的存在，平息了一些夏季的炎热，穿着女性显得活泼、俏皮（图2-3-20）。

图2-3-17　银色钻装饰

图2-3-18　彩色钻装饰

图2-3-19　红色水晶玻璃装饰

图2-3-20　水钻与流苏搭配装饰

在追求美丽、高贵和时尚的女性眼中，钻石是永远不会退去的一个话题。在鞋靴设计中，钻石不论是被用于鞋靴的某个装饰部件上（图2-3-21），还是用于鞋靴的整体设计（图2-3-22），都不失其高贵典雅的气息。

图 2-3-21　部分饰件

图 2-3-22　整体装饰

三、塑料扣件

（一）纽扣

纽扣通常为小型片状或者是球状，对于衣服或者是其他物件，纽扣通常作为一种连接物，将部件与部件连接。随着装饰手法的日趋丰富，在现代鞋靴设计中，纽扣除了其自身的一种功能性的连接作用外，还具有装饰与美化鞋靴造型的功能。纽扣可做成不同颜色及形状（图2-3-23），丰富的颜色和千奇百怪的形状，大大丰富了鞋靴装饰。纽扣根据结构可以分为眼扣、脚扣、掀扣等，对鞋靴的装饰方式可以分为以下四种。

1. 不同色彩的纽扣

纽扣的色彩与鞋靴帮面本身的色调形成鲜亮的对比，给单调色彩的鞋靴赋予了活泼以及动感（图2-3-24）。

图 2-3-23　丰富多彩的纽扣

图 2-3-24　纽扣装饰与鞋帮面形成鲜明对比

2. 不同规格的纽扣

不同形状的纽扣其大小各异，通过改变纽扣的形状及大小，使鞋靴具有别样的对比感，运用与帮面色彩不同的大纽扣作为鞋子的亮点，给单调的鞋靴赋予了活泼的形态。用与帮面色彩相同的纽扣装饰，鞋子表现出和谐的风格，采用传统的中国元素，旗袍门襟的结合方式，展现出是端庄、贤淑的效果（图 2-3-25）；金属喷镀纽扣具有金属的光亮感，增加鞋子亮点的同时还赋予了鞋子可爱甜美的风格（图 2-3-26）。

纽扣的数目和排列方式也会影响鞋靴的整体效果。在鞋帮面上，纽扣的数量是在一定的范围内进行设计的，数目过多反而会影响鞋靴所要表现的整体效果，单个纽扣多见于绊带鞋或者是鞋子前帮醒目的地方，这种装饰既表现出女性的甜美，又体现出一定的个性美。

在凉鞋前帮面上使用较大的单扣作为装饰，完美呈现出个性的特征。多个纽扣进行排列组合，通常被应用在靴鞋的筒口或者是前帮帮面上，或者是靴筒外侧等部位。在设计多个纽扣装饰时，最好采用奇数数目，根据人们的视觉欣赏习惯，奇数容易使人找到视觉欣赏中心停歇点。除了注意纽扣的数目外，纽扣的大小及纽扣之间的距离也很重要，一般情况下，采用等距或者是对称的排列方法，使装饰效果具有律感和安静感。图 2-3-27 中由小到大排列的纽扣给人的感觉是规整中带有变化，展现女性的知性美。

当然，有时候不对称的纽扣排列装饰方法赋予了鞋靴动感，产生灵活、机敏、飘逸的视觉效果；糖果色纽扣在白色帆布鞋中的装饰，显得甜美可爱（图 2-3-28）。

图 2-3-25 鞋口皮革纽扣

图 2-3-26 镀金纽扣

图 2-3-27 大小不一的纽扣排列装饰

图 2-3-28 颜色不同的纽扣装饰

图 2-3-29　花型纽扣

图 2-3-30　镶钻纽扣

图 2-3-31　鞋头扣件

图 2-3-32　横条扣件

3. 纽扣造型装饰

纽扣自身图案以及由纽扣的排列组合形成的图案称为纽扣图案。纽扣图案不仅可以是平面的，还可以是立体的。不同的图案呈现出来的性格也是不同的，如带有卡通或者是小动物图案的纽扣一般多属于甜美、活泼可爱的年轻女性的风格（图2-3-29）；纽扣自身的装饰，也是丰富鞋靴造型的一种装饰手法（图2-3-30）；某些装饰件带有字母，则会显示出年轻女性的追求个性，朝气蓬勃的气息；一些自然的花、草、虫等仿真动植物图案或者纹理的纽扣等装饰物则是大多数中年女性的完美追求。

（二）扣件

天蓝的糖果色帮面，展现了少女般的清纯，鞋头上一颗白色的纽扣装饰，甜美中透露着俏皮可爱（图2-3-31）；鞋帮盖上规则的图案装饰，围条规律的褶皱自身形成一种褶皱装饰，塑料扣环的装饰更是锦上添花，整个鞋子显得更加舒适柔软（图2-3-32）。

（三）塑料珠饰

珠子是一种小型的、通常是圆形的有孔的实体，可用不同的材料制作，由于塑料具有易加工的优势，所以塑料珠子的颜色、形状多种多样，作为装饰物起到很好的装饰效果。不论是多个数量用于鞋靴的装饰上，还是将单个仿真珍珠放在浅口鞋的前头部位，都会给单调并且单薄的帮面增添一份可爱与情趣，用珠子组成的某种具有特定图案的装饰，会形成一个巨大的视觉冲击力，从而创造出一种富丽堂皇的视觉效果（图2-3-33）。不透明塑料珠子和帮面材料在颜色上形成鲜明对比，在帮面形成的装饰，使鞋子具有地域民族风情，穿着者显

图 2-3-33 鞋头珍珠装饰

图 2-3-34 串珠装饰

得活泼、可爱（图 2-3-34）。

　　一直以来，珠子被看作是美好、富贵、财富、社会地位的象征，如在西部非洲的尼日利亚和喀麦隆，佩戴的珠宝越多，表示这个佩戴者的权力越大。随着时代的变化，成串珠子的用途除了用于首饰的佩戴，更是一种装饰件来装饰服装以及鞋靴。黑色风绒面革显得雍容华贵，雪白的珍珠相串，用于对丁字带、前帮带以及前帮跗背部位的装饰，高贵的珍珠配以水钻的璀璨，使得整个鞋子上升到了高贵的极致（图 2-3-35）；前帮面珍珠装饰的高跟鞋，使得知性而富有内涵的女人就像封藏已久的葡萄酒，透露着甘甜香气的同时，让人沉醉到无法自拔的地步（图 2-3-36）。

图 2-3-35 帮面跗背珍珠装饰

图 2-3-36 珍珠在前帮面的装饰

（四）塑料亮片

　　亮片的熠熠生辉为女性的脚增添了不少色彩，因此也大量出现在鞋帮面上，一般是整个帮面上都布满亮片。

　　金色装饰件有一种高贵的贵族感，更加衬托出穿着者的高贵气质（图 2-3-37）；银色亮片在鞋子上面的整体装饰，是一大亮点，银色的神秘感更加衬托出年轻女性的魅力（图 2-3-38）；不同颜色的亮片装饰，在

图 2-3-37 金色亮片的装饰

图 2-3-38　银色亮片的装饰

图 2-3-39　亮片装饰图案

图 2-3-40　亮片形成的扭花

鞋子的帮面上形成一种特殊的造型，赋予鞋子闪亮感。金色的亮片在帮面镂空的桃形形状内的装饰，使得整个鞋子的焦点为桃心形状的装饰（图 2-3-39）；亮片对于装饰件及鞋底的装饰，把整个鞋子的聚焦点都汇集在了装饰件上，尤其是在鞋后跟的装饰，使得女性的整个侧面或者是后面都充满了诱惑感（图 2-3-40）。

第三节　皮革类

　　随着皮革制作技术的不断提高，皮革装饰潮流在世界各地兴起，皮革材料独特的柔软度、丰富的自然装饰风格为鞋靴的整体造型增加了关注度。对于皮革类装饰，主要有以下几种类型。

一、流苏

　　流苏，又称为旒（Liu）、缨、穗子，是一种下垂的、直线型的装饰物。流苏作为一种传统的工艺手法运用到鞋靴中，促使鞋靴风格的结构多元化和创新性。流苏雨水般的垂直感和灵动轻盈的飘逸感，表现出来的装饰效果非常强烈，赋予鞋靴一种时尚、前卫感，满足了许多时尚追求者的要求。流苏的材质有丝质、皮质、毛织物、化纤、金属、珠、钻等，其中皮质流苏给人一种妖娆、高贵、华丽并带有神秘感，运用到鞋靴中，处处透露出女性的性感之美，因此，流苏装饰的鞋靴深受广大女性消费者的青睐。流苏作为一种引领时尚的元素，是各大秀场出现颇为频繁的角色，其表现效果也是多种多样的，不管是密集排列或者是长短不均地进行排列，或者是不同材质搭配

图 2-3-41　金属链的流苏

图 2-3-42　流苏堆积

进行排列，都会展现出一种妖娆并且带着隐约的神秘色彩。

　　在鞋靴中的装饰，流苏总会体现出一种流线的垂直感，展现出女性的性感美，穿着流苏装饰的鞋靴，在走路过程中，会伴随着一种向往自由的帅气的感觉；利用特殊材料做成的流苏，金属或者是闪亮珠子等共同构成一种流苏给人展现的又是不同的视觉新颖感受（图 2-3-41）；有时候，流苏的凌乱堆积展现出一种野性的魅力，具有强烈的追求自由的感觉（图 2-3-42）。

　　流苏在鞋靴中的应用主要分为以下几点：

（一）点缀装饰

　　流苏元素所设计的部位不同，表现出来的效果也不尽相同，在鞋靴中，流苏常见于鞋靴的后跟部位，或者是鞋靴的外踝部位以及鞋靴的绊带部位，表现出女性的性感之美。褐色的靴子，其外踝部位的饰扣以及流苏形成了一种复古风格，给人一种温暖感（图 2-3-43）；黑色反绒帮面靴鞋其黑色绒面的高贵以及金色的华丽使得整个鞋子显得高贵、典雅、性感（图 2-3-44）。不同元素的风格相互搭配、相互结合，完美地表现出女性的性感美以及女性自身的轻柔美。

图 2-3-43　复古色流苏

图 2-3-44　黑色绒面与金色拉链装饰

（二）排列与堆积

图 2-3-45　堆叠流苏

流苏具有一定的流动感及规律感，根据流苏的多与少、虚与实、厚与薄、宽与窄及距离的紧与密等排列就可以塑造出不同感觉的韵律，让流苏的动感与韵律完美结合，把设计师的思想表现得淋漓尽致，豹纹纹理的靴子帮面，给人一种野性的张扬感，流苏的堆积更像一束豹子的皮毛，给冬日里增添了几分温暖的同时，也增添了几分夺目感，使得穿着者就像一头奔跑的豹子，可爱又具有野性魅力（图 2-3-45）；为了造成更加强烈的视觉冲击力，许多设计师将不同的元素与流苏相结合，形成一种多元的流苏拼接装饰，如在鞋后帮进行流苏的装饰，将整个鞋子的风格上升到了另一个层次（图 2-3-46）。

二、蝴蝶结

图 2-3-46　鞋后帮流苏装饰

蝴蝶结是女性时尚界永不厌倦的装饰元素，每一季都被设计师重组再上演在鞋靴上，本着美好的象征出现在鞋子的各个部位。在女鞋的设计中，蝴蝶结造型千变万化，所起到的作用无疑是锦上添花，新颖、时尚也成为整个鞋靴造型的审美焦点和视觉中心点。

在设计过程中，设计师巧妙地将蝴蝶结的功能和装饰作用与女鞋的造型款式相结合，虽然女鞋的造型千变万化，但都遵循着简洁化特征进行设计，蝴蝶结也是如此，简洁会有强烈的艺术魅力，方形、正三角形、圆形、不对称四边形等造型的蝴蝶结，在给人以运动感觉的同时，也会给人一种甜美的感觉，把穿着者的性格表现得淋漓尽致。

蝴蝶结最能突出女性柔美娇艳的气质，所以，正装女鞋中的蝴蝶结也是常用装饰之一，一般多用于鞋头及绊带上。在鞋头的装饰，蝴蝶结通常采用和帮面相一致的皮革或者是类似颜色的皮革进行手工制作而成，一大一小的蝴蝶结上下组合成为一个更为立体的蝴蝶结（图 2-3-47）；有帮面皮革自身形成的条带状蝴蝶结（图 2-3-48）；不同材质形成的蝴蝶结大花是年轻女性的专属，不论是头饰还是在鞋靴的装饰中，都能够体现出一种甜美和可爱的风格（图 2-3-49）；通过贴钻工艺和材质堆叠而成的蝴蝶结装饰件，赋予了蝴蝶结更生动的感觉，使得鞋子显得闪亮、个性（图 2-3-50）。

　　甜美优雅的不对称形蝴蝶结，在凉鞋帮面的点缀，简约却充满了女人味，给人一丝浪漫的气息（图2-3-51）；清新的漆皮西瓜红帮面，配饰和帮面材质不同的方形蝴蝶结，尽显女性的知性、优雅的气质，无形中让女性更具魅力（图2-3-52）；在纯白色的帮面上加上三角形的蝴蝶结，对蝴蝶结边缘进行雕刻镂空处理形成花边，使整只鞋子在素雅中透露着俏皮（图2-3-53）；在蝴蝶的动物形象基础上加以水钻的装饰，打破传统的蝴蝶结形象，鞋子显得更加甜美、可爱（图2-3-54）。

图2-3-47 皮质蝴蝶结

图2-3-48 条带状蝴蝶结

图2-3-49 布类材料形成的蝴蝶结

图2-3-50 镶钻蝴蝶结

图2-3-51 不对称蝴蝶结

图2-3-52 方形蝴蝶结装饰

图2-3-53 三角形蝴蝶结装饰

图2-3-54 动物形象蝴蝶结

三、皮革花朵装饰

美丽的女人如花般绽放，所以花卉装饰在女正装鞋中大行其道，独领风骚。一般花朵都为具象的装饰，多出现在鞋头处，凸显出女性的万千柔情。不同的花朵造型会表现出不同的性格来，大红色的花朵更多展现的是一种热情、奔放的性格（图2-3-55）；粉色的花朵装饰给人一种清新甜美的感觉（图2-3-56）；小型花朵则展现的是一种圣洁脱俗的感觉（图2-3-57）；黄色的帮面和帮面颜色相近的手工花朵，加上金属叶子的装饰，显得十分生动形象，给单调的帮面增添了更多的乐趣，鞋子显得更有生机（图2-3-58）。

图2-3-55 大红花朵装饰　　　图2-3-56 粉色花朵装饰　　　图2-3-57　小型花朵装饰

图2-3-58 手工花装饰

图2-3-59 鞋子脚踝处的细带装饰

四、皮革细带

在女正装鞋中，细带最能体现女性脚踝的纤细以及女性的高雅，一般细带多用于脚背上。鞋子脚踝处的窄细带彰显女性脚的妖娆妩媚，踝带能够修长整个女性的腿，显得其身材高挑（图2-3-59）；简单的细带形成了整个鞋子的帮面，金属饰件的装饰更加提升了整个鞋子的魅力，完美展现女性的性感（图2-3-60）；在凉鞋的设计中，细窄的条带最能够体现女性足部的柔美，彩色的条带像雨后的彩虹，给炎热的夏季多了几分清爽感（图2-3-61）；与彩色凌乱排列的细带相比较，规律规整的细带排列彰显气质的干练、高贵与典雅（图2-3-62）。

图 2-3-60　鞋子跗背的细带装饰　　图 2-3-61　彩色细带　　　图 2-3-62　规律横向金色细带

第四节　纤维及织物类

纤维与织物材料最早应用于制鞋行业中，即使在追崇天然皮革的今天，仍有大量的合成纤维被用于鞋靴中，越来越多的纺织布类装饰件应运而生，设计师们别出心裁的想法总能勾住爱美的、追求时尚的年轻女性的心。不同的装饰件能够展现出女性不同的魅力所在。

一、雪纺

图 2-3-63　雪纺立体花装饰

雪纺材质的自然凉爽感在凉鞋上的装饰使整个鞋子给人一种清爽的感觉（图 2-3-63），绒面材质给人一种光滑柔软的感觉，其形成的立体花让人感觉温暖、柔润（图 2-3-64）；纱的轻盈在凉鞋上的装饰，显得女性柔美、俊俏（图 2-3-65）；用丝带做成的装饰物表现出的是高贵、典雅的风格，完美地表现出女性的知性美（图 2-3-66）；

图 2-3-64　绒面材质立体花

图 2-3-65　纱装饰

图 2-3-66　丝带装饰

二、蕾丝

　　蕾丝的飘逸与性感在女鞋上应用也颇多，并且使女鞋更加时尚，被广大女性朋友所追捧。蕾丝自身所具有的性格就是朦朦胧胧的感觉，在鞋靴上的运用，无疑就是使脚显得更加柔美娇嫩。

　　穿上蕾丝材料做的鞋，将女性的玉足似露非露地展现在观者面前，那种魅力所具备的吸引力是人们所无法抗拒的。图2-3-67高跟鱼嘴鞋中，蕾丝不仅充当帮面，与粉色的皮质材料进行拼接，而且起到了很好地装饰效果，蕾丝帮面加上亮片的穿编，是整个鞋子魅力的亮点所在；蕾丝的存在，使得整个鞋子显得妩媚起来，展现出女性的性感美（图2-3-68）。

　　粉红色的蕾丝和粉色的羊皮帮面形成的浅口鞋，粉红色衬出女性脚的白皙，蕾丝的效果使脚显得更加纤瘦（图2-3-69）；与红色蕾丝相比，白色则显得清爽一些，但是蕾丝给人的朦胧美感是永远不变的（图2-3-70）。

图2-3-67　亮片装饰蕾丝　　　　　　　　　图2-3-68　蕾丝装饰

图2-3-69　粉色蕾丝形成的帮面　　　　　　图2-3-70　白色蕾丝帮面

　　除了以上常见的四大类材料的装饰件外，还有木质、象牙、玉质等一些加工细致、完美、装饰效果好的材料制作的装饰件。木质装饰件给人一种温暖、回归自然的视觉感受，使得穿着者与自然融为一体，尽显女性柔美的一面；象牙装饰件常见于一些民族气息较强的鞋靴上，尽显浓厚的民族风格气息；玉质材料通常是纯洁的象征，玉饰物自然是高贵的象征，当女性穿着有玉质饰物的鞋子时，给人带来一股典雅、清纯的气息。

总结

　　女鞋的时尚性不仅体现在其帮面结构的个性化，也体现在装饰件以及装饰元素的设计，装饰元素的多元化更加丰富了女性鞋靴的造型，除了以上所讲的，还有很多有待于开发的装饰元素。

　　装饰元素的不同，在女鞋装饰上所体现的装饰效果也是不同的，给人的视觉感受不同，鞋靴的风格也就不同，有的给人甜美的视觉感受，也有的给人性感的视觉感受，或者简单大方，或者凌乱狂野，或者温柔细腻，很大程度体现在装饰件与鞋子的互相搭配效果上。因此，对于一个成功的鞋靴设计，除了其帮面结构合理性以外，还在于装饰件给人的一种视觉舒适性的感受。

第四章
女鞋工艺装饰

　　女鞋的款式造型千变万化，总的来说分为帮部件造型、帮部件的相接工艺以及装饰元素的设计工艺三方面。

　　鞋类设计的精髓来源于设计师的创作，因此，针对同一种造型的装饰元素，会有不同的工艺出现，这一章是针对设计元素的工艺进行讨论。

第一节　编织工艺

　　编织装饰工艺是指一根或者是几根原材料按照一定的规律编织出各种编织物的装饰手法，具有悠久而灿烂的历史，是一门古老的工艺艺术，同样也具有现代化的气息，是很多潮流追求者所喜欢的一种鞋靴装饰手法。通常，编与织相互交叉使用，称为编织。编织工艺、原料、色彩、装饰手法的不同形成了天然、朴素、清新、简练的艺术特色。

一、编织工艺分类

　　手工编织工艺在我国民间有着悠久的制作历史，是中华民族文化艺术的瑰宝，其精湛的技艺、丰富的门类是几千年来形成的文化积淀，是中华民族的一大特色产业。在中国，编织被称为"经天纬地"，承载着人们对生命生生不息的渴望。手工编织大致可以分为手编、手钩、手绣三大类。

（一）手编

　　手编是采用竹条、秸秆条、皮革条等，采用经纬相互交错穿编的方法，手工编织成不同风格的装饰物，中国结就是手工编织的一个典型作品。

　　通过不同的工艺编织得到的装饰件，具有不同的视觉效果，表现出来的性格也是不同的。采用编辫的方法，没有经、纬之分，形成非常整齐的纹理，再经过穿条的工艺，与装饰件结合，形成编织装饰件，使得穿着者知性美中透露着活泼的性格（图

2-4-1）。

编织蝴蝶结、旗袍门襟的设计等，都作为一种时尚的设计元素，这种设计风格不仅将中国的传统文化所象征的和谐、美好完美地呈现出来，更洋溢出手工艺品的质朴（图2-4-2）。

还可以用皮条根据一定的规律编织出大面积的具有图案和纹理的面材，用于帮面，它不仅是鞋子的构成部件，而且也起到了很好的装饰作用。

编织成鞋靴的帮面，不仅丰富了鞋靴的造型，而且赋予鞋靴独特的视觉效果，以中国传统手工编织元素为设计源泉而设计的鞋靴，不仅增加了鞋靴文化的附加值，满足了时尚的消费需求，缔造了品牌及开拓了国际市场，而且在适穿性方面也增加了春夏鞋子的透气度（图2-4-3）。

总体上说，编织工艺具有的天然纯朴的田园气息是其他装饰工艺所无法比拟的，多用于整鞋的装饰上（图2-4-4）。

手工编织的条带用于凉鞋的帮部件，显得时尚经典，高贵典雅（图2-4-5）。用不同色彩、不同宽度条带编织的中空凉鞋，有民族风的特色（图2-4-6）。

图 2-4-1　编织工艺用于鞋子的装饰

图 2-4-2　中国结在鞋靴中的应用

图 2-4-3　手工编织鞋

图 2-4-4　手工编织应用于整鞋

图 2-4-5　手工编织凉鞋条带

图 2-4-6　色泽鲜亮的编织工艺

图 2-4-7　手钩装饰件

图 2-4-8　钩织鞋帮

图 2-4-9　钩织靴筒

图 2-4-10　针织帮面及靴筒

（二）手钩和针织工艺

手钩工艺是指用钩针进行钩织，大多数钩织作品都是采用"短针"和"长针"等一些基本的钩织法，用线织物对其精心钩织而做成的。钩织造型丰富的镂空花形，很适合夏季穿着，不仅具有透气性能，给人带来凉爽感，并且在体现出精湛手艺的同时，含蓄地表现了女性足部的美（图 2-4-7）。用不同的手法钩织出不同图案和纹路，色彩的搭配与调和让鞋子有一种异国风情的韵味（图 2-4-8）。

针织工艺是指用棒针进行编织的，棒针多用竹子削制而成，最常见运用的是毛线织物，其在鞋靴上的表现多见于靴筒部位（图 2-4-9）。在寒冷的冬季，毛线织物制成的靴筒给人十足的温暖感（图 2-4-10）。

（三）手绣

手绣则多见于十字绣作品，用于鞋靴帮面以及装饰件的设计。在单调的浅口鞋帮面上进行局部十字绣画工艺，使得整个鞋子的亮点提升，显得高贵时尚（图 2-4-11）。

图 2-4-11　十字绣在鞋靴上的应用

第二节　刺绣工艺

刺绣是指通过针将线绣在材料上，由线来回穿过组成的色块，组成设计的图案，随着科学技术的发展，皮革刺绣由之前的手工绣发展为现代的机绣。

一、刺绣工艺在女鞋装饰上的应用

不同的刺绣工艺会产生不同的艺术及视觉效果，其中，彩绣是最具有代表性的一种刺绣方法，在鞋靴或者是服装中的应用也较为普遍，能很好地表达设计师的设计思想。贴布绣是在皮革上面按照设计好的形状、色彩、纹样贴缝所需要的材质，给鞋靴造型增添意想不到的艺术及视觉美感；串珠绣在女式鞋靴中应用较为广泛，是将各种珠子和亮片用线穿起来，给人一种雍容华贵、富丽堂皇的视觉感受，通常在时装鞋、晚礼鞋中见到串珠绣。刺绣不仅需要合理的布局、皮革材质本身与刺绣图案的风格一致性，而且需要合理的颜色搭配，遵循这些原则，才能打造出一双完美精致的彩绣鞋。

鞋靴帮面经过刺绣加工后，不仅使得鞋靴产品的设计更加具有别致性，而且更加多样化，吸引了广大消费者的眼光，同时打开了鞋靴产品的设计思路。按照刺绣材料分类，线刺绣可以分为彩色、黑色、白色、金色、银色等，时尚的花纹元素在鞋子后跟以及前头处刺绣装饰，显得优雅而具有民族气息（图 2-4-12）；不同颜色的绣线绣成的红花、绿叶、细滕装饰在鞋帮、鞋扣和后跟，让整只鞋富有了清新的气息（图 2-4-13）；在皮革底布上使用其他材质进行补花等（图 2-4-14），

图 2-4-12　鞋后跟和鞋前头的
刺绣装饰

图 2-4-13　鞋口民族风绣花设计

图 2-4-14　鞋子帮面补花装饰设计

图 2-4-15　平绣

十字网格绣的时尚性是众所周知的，在鞋跟部位的装饰，使整个鞋子的时尚性提升了好多倍，在夏季，清爽的鱼嘴鞋，鞋跟成为它最大的亮点。

二、刺绣的分类及效果

刺绣工艺在鞋靴款式造型设计中的运用，是美与实用的统一，不仅能够增强鞋靴的形式美感，而且能够增加鞋靴的实用功能。在鞋靴设计中，用刺绣工艺进行装饰，强调鞋靴款式造型，体现鞋靴风格，成为鞋靴设计师非常感兴趣的设计内容，也是鞋靴设计的创新手段。

刺绣的技法丰富多样，绣纹肌理不一，可以增加帮面材料的肌理效果的同时，增加其色彩丰富度。根据刺绣在鞋靴中应用的不同针法，可以将其分为以下几种类型：

（一）平绣

平绣一般适用于薄型材料的帮面，厚度小于 3mm。随着制革技术的进步和刺绣机械行业的不断发展，平绣运用在皮革上的范围越来越广。平绣在面料上的应用一般用来绣小花、小叶子等图案（图 2-4-15）。

图 2-4-16　锁绣

（二）锁绣

锁绣，又叫作穿花、套花、锁花、扣花、拉花、套针等，是由绣线圈套组成，绣纹的效果类似锁链。色彩厚重、不光艳，比平绣较强烈。绣纹装饰性强、边缘清晰，富有立体感（图 2-4-16）。

（三）盘绣

盘绣是指以线状或者丝带、绳等为绣线在鞋靴帮面部件上盘成想要的图案，然后用细丝线缝制固定在帮面上。盘法有三种，即平盘、立盘以及斜盘，其中立盘有很强的厚重感与浮雕效果，花纹醒目并且具有立体感（图 2-4-17）。

图 2-4-17　盘绣

（四）十字绣

十字绣又称为桃花、架花、十字股、拉梭等，绣料上用十字纹拼列组成各种图案，"十字"大小一致，常用于箱包、挂饰、家纺等作品的装饰中。十字绣在鞋靴上的应用表现在鞋靴的帮面以及鞋跟、鞋底的装饰中，在鞋后跟处的应用如图2-4-18、图2-4-19所示。

刺绣工艺形式丰富，风格独特，是一种既古老又现代的装饰艺术。运用刺绣对鞋靴进行装饰，可以改变鞋靴自身的触觉及视觉肌理，能够协调传统与前卫的冲突，以一种全新的形态方式满足现代人的多元化，使得鞋靴产品更加风格多样化。鞋靴的造型因为刺绣工艺的不同而丰富多彩。

图2-4-18　十字绣在鞋后跟处的应用

图2-4-19　十字绣在鞋底处的装饰

第三节　压印工艺

在模具的作用下使鞋材料的厚度发生变化，在其表面上压出起伏花纹或字样的工序叫压印。压印通常是指对皮革进行印花和压花两种。

一、印花工艺

印花主要是指在鞋靴帮面表面上，通过一种印刷染料，经过特定的工艺形成预设的某种花纹或者文字，将设计师所设计的花纹印刷到鞋靴帮面上。传统的皮革印刷工艺是手工丝网印花，也叫网版印花。随着科技现代化，制鞋材料印花机械也应运而生。

丝网印花是现代最常用的一种印花手法，在制鞋材料表面进行的丝网印花是指通过感光的方法，将印花图案复制在丝网印版上，印版上有图案线条部分是无胶膜的，油墨可以顺利透过，而没有图案线条部分由胶膜来阻隔油墨通过，当网版在坯革上面刮印时，无胶膜处的油墨会透过丝网使革面着色，这样就将图案印在了皮革表面上。

图2-4-20　薄荷色印花

女式鞋靴上不同颜色的图案很多都是通过印刷工艺表现出来的，给人一种独特的视觉感受。

不同的花纹表现出不同的性格，印花不仅起到了很好的装饰作用，而且丰富了鞋靴的整体造型美感，如银色的印花装饰在鞋前帮、鞋后帮帮面上，与清爽的薄荷颜色的帮面形成鲜明的对比（图2-4-20）；具象的花卉图案，不仅在高跟鞋的帮面上装饰，而且在鞋跟部位进行装饰，整个鞋子具有百花齐放、美不胜收的感觉，给人强烈的视觉冲击力（图2-4-21）。

金色玫瑰印花装饰在青蓝色中空凉鞋上，给炎热的夏季降下温度，彰显女性的甜美（图2-4-22）；五彩绚烂的花朵给人一种百花齐放的感觉，装饰在整个鞋帮及鞋跟上，让穿着者容光焕发（图2-4-23）。

一般情况下，鞋靴帮面材料为皮革、纺织布以及塑料时，均可以将网版印花过程中用到的油墨印刷到其表面。鞋身是塑料材质鞋靴，通过网版印刷的工艺得到了碎花状图案，马丁靴的结构搭配流行的花草纹样，盛行于韩国和日本街头，是大多数甜美女性的最爱（图2-4-24）；在靴筒通过网版印花，得到的具有一定规律的花朵，丰富了靴子的造型，同时花朵的清新给人另一种视觉享受（如图2-4-25）。

图2-4-21　具象花卉印花设计

图2-4-22　印制金色花纹

图2-4-23　印制花卉图案

图2-4-24　靴子印花

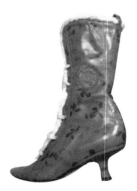

图2-4-25　靴筒印花

图 2-4-26　点元素图案　　　　　　图 2-4-27　斑马纹图案

　　点元素进行等大小、等间距的排列，给人一种井然有序、规整统一的视觉感受，使得穿着者具有一种魅力、时尚的知性美（图 2-4-26）；印有动物毛皮的自然纹理使鞋子具有一种自然、和谐统一的美感（图 2-4-27）。印花图案色泽自然，外观美丽，容易设计，制作相对来说较简单，很容易创造出所需的视觉效果。

二、高频压花工艺

　　高频压烫可以分为压平和压花两种。压平是指加热的刚性机件的光滑表面以一定的压力在皮革表面压印，皮革自身受热、受压后，发生一定的变形及变性，使皮革的物理性能发生改变，其目的主要是提高皮革本身的光泽度，使得革身具有平整、紧实、毛孔平服等特性。对于压花，是指刚性机件表面（压花板或者压花辊）刻有某种设计好的花纹，在对皮革表面进行加热和加压的过程中，皮革面得到了与机件表面相同的某种花纹，从而使得压烫后形成平整、美观、光洁的带有图案的皮革表面。

　　骷髅头压花，加上与帮面颜色相近的铆钉装饰，赋予单调的帮面一种特殊的花纹，丰富了鞋靴的造型（图 2-4-28）；棕色的舌式鞋前帮面，通过压花，形成玫瑰花纹理，使得单调的前帮面材质本身的纹理成为一种装饰（图 2-4-29）。

图 2-4-28　骷髅头压花　　　　　　图 2-4-29　玫瑰花压花

在靴子帮面外踝处通过高频压花工艺压出美丽的玫瑰花纹理，衬以革身玫瑰红的颜色，表现出一种激情四射的女性魅力（图2-4-30）。还可以通过高频压花得到许多动物纹样，比如鳄鱼纹的靴筒，使马丁靴结构彰显出高端大气的风格（图2-4-31）。

图2-4-30　靴筒压印玫瑰花

十字形压花，赋予单调的帮面一种特殊的花纹，丰富了鞋靴的造型（图2-4-32）；浅黄色的帮面，通过压花，形成一种纹理，使得材质本身的纹理成为一种装饰（图2-4-33）。

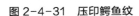

图2-4-31　压印鳄鱼纹

图2-4-32　高频压花

图2-4-33　仿动物纹

皮革压花的纹理大多是动物皮纹，如蛇皮纹（图2-4-34）、鱼皮纹（图2-4-35）、鳄鱼皮纹（图2-4-36）、鸵鸟皮纹（图2-4-37）等，或者是压印某些几何花纹（图2-4-38）及其他皮纹如荔枝纹（图2-4-39）、柳叶纹。利用压花不仅能够创造出具有立体感的图案，而且还会遮盖皮革表面的伤残或者是瑕疵，此外，还大大增加了皮革的花色及品种。

图2-4-34　仿蛇皮纹

图2-4-35　仿鱼皮纹

图2-4-36　仿鳄鱼皮纹

图2-4-37 仿鸵鸟皮纹　　图2-4-38 压印几何花纹　　图2-4-39 仿荔枝纹

第四节　雕刻及镂空工艺

雕刻和镂空是鞋靴设计上最为常用的一种工艺，以一种特殊的视觉呈现给人们不同的风格。

一、雕刻及镂空工艺的定义

传统的皮革雕刻都是通过手工，借助一定的雕刻工具，在经过润湿的皮革表面进行按、压、敲、挤、打、拉、扯、捏、搓、揉等，在皮革表面刻琢出具有一定深浅、凹凸的不同层次的效果，完美地表现出设计师的构想，使作品具有一定的艺术鉴赏性。而现代皮革雕刻常用的技术是激光雕刻，

图2-4-40 鞋子整帮镂空

通过激光控制系统的分层方法，在同一色泽的面料上"刻"出深浅不一、具有层次感的过渡颜色，具有独特、自然、质朴的风格。

镂空有剪刀镂空和激光雕刻镂空两种。其中剪刀镂空来自于我国传统的文化传承手工艺——剪纸。不同的剪刀剪纸方法运用到鞋靴帮面的设计中，形成不一样的花纹，不仅增加了鞋靴的透气性，而且使鞋靴的美观性也大大地提升了。激光雕刻镂空则是通过激光束的高能量密度特性，使用激光雕花镂空机器，按照电脑雕版传输的切割命令，激光发热产生热能，照射到帮面材料表面，将帮面材料表面不需要的部位切割掉，从而产生清晰的镂空图案。

除了以上所说的针对皮革或者是布面材料形成的镂空，手工钩绣也可以形成镂空的效果。镂空的帮鞋，给鞋靴帮面赋予了特殊的纹理，起到一种自身修饰的效果，还增加了鞋靴的透气性，使得鞋靴穿着更加舒适（图2-4-40）；羊皮凉鞋，经过激光雕刻机雕

图 2-4-41　激光镂空帮面

刻出特定的四方形孔，帮面颜色拼接，鱼嘴型造型，使得整个鞋子有一种干练、职业的女性风格（图2-4-41）。

二、雕刻及镂空工艺在女鞋装饰上的应用

现代常用的皮革雕刻技术是激光雕刻，利用激光雕刻，可以在皮革或者是纺织品的任何位置雕刻出深浅不一、具有一定层次感的图案，并且可以雕刻出独特的、自然的、质朴的风格，其花型可以根据设计师的思想进行创作，花型可以错综复杂。局部的皮革雕花能够将人们的视线吸引到局部雕刻所形成的艺术品，展示的是激光雕刻处的一种花朵图案，配饰亮晶晶的水钻，使得这朵美丽的花成为鞋子的整个亮点（图2-4-42）；激光雕刻的皮革整体作为鞋子的帮面，鞋身被赋予了活性，穿着这种鞋子，脚部显得更加轻盈，雕刻规则的图案彰显鞋子的整体规整感（图2-4-43）；不规则的激光雕刻形成一种设计师设定的特定图案，充当了帮面的花纹（图2-4-44）。

图 2-4-42　局部雕刻

有时候在皮革表面"刻"出花纹图案，有时候将皮革局部进行镂空雕刻。在靴筒上激光雕刻出很多细小的孔，这些细小的孔形成了整个靴筒面（图2-4-45）；大面积激光雕刻虽然形成了漂亮的镂空花纹，

图 2-4-43　镂空规则图案

图 2-4-44　雕刻不规则图案

图 2-4-45　靴筒的镂空工艺

但是使得靴子的立挺度以及帮面材料的强度大大降低了（图2-4-46）。

　　镂空雕刻的整帮鞋，赋予了鞋帮面特殊的纹理，还增加了鞋子的透气性，使得鞋子穿着更加舒适（图2-4-47）；对鞋装饰件进行镂空工艺的处理，使鞋子造型的亮点转移到醒目的装饰件上（图2-4-48）。

　　皮革雕刻技术集艺术性、审美性、鉴赏性、珍藏性以及高贵性于一身，天然皮革伸缩性强、延展性好，通过皮革雕刻技术，将设计者的想象构思具体地表现出来，体现出现代女性的一种尊贵而典雅的气质，经常在女性正装鞋或者是晚礼鞋中见到。

图2-4-46　花型镂空花纹

图2-4-47　整体镂空

图2-4-48　装饰件镂空

第五节　褶皱工艺

　　褶皱是最为常用的一种鞋类装饰造型。女鞋的褶皱工艺可以说是花样繁多，有均匀细密的褶皱，也有不均匀的褶皱，有因为工艺形成的褶皱，也有因为材料本身的材质特性而形成的褶皱。从形态上，可以将褶皱分为自然褶皱和规律褶皱。

（一）自然褶皱

　　自然褶皱所展现出来的是随意的性格，因此，在褶皱的大小、间隔、排列等方面都没有约束，体现了活泼、大方、怡然自得的一种鞋靴风格，鞋靴材质本身所赋予的暖色调给人以亲和感，加上大点图案和自然褶皱的形态，正好显现出温柔、甜美的个性（图2-4-49）；由于材质本身特性形成的这种褶皱，使鞋子看着特别的柔软、舒适，使得穿着者具有轻快小巧的步伐，完美体现女性柔美的一面（图2-4-50）。

图2-4-49　自然褶皱

图2-4-50　材质自身褶皱

（二）规律褶皱

规律褶皱表现出来的是一种规律和秩序美，褶皱的大小、间隔、长短是相同或者是相似的，体现女性的一种端庄、明快的节奏感和韵律感，按照一定的规律通过褶皱形成的装饰件，让单调的鞋帮具有了独特的造型，加上光亮的珍珠装饰，有新娘般美丽、浪漫的性格（图2-4-51）。采用皱塑手法，形成靴筒面，皱塑纹路展现出的不仅一种是大气、端庄的形象而且是时尚、知性的美，在靴筒上的装饰，通过皱塑的手法形成的褶皱，显得舒适不拘束（图2-4-52）。

以前人们追求平滑、立挺、工整的鞋靴美，而那些美显得太过拘谨。近年来，设计师们用不同的褶皱打破了那种平滑、工整，来演绎一种叛逆、休闲的风格，褶皱和靴子相结合，给靴子增添了几分野性的美，不论是在靴子帮面本身进行褶皱设计，还是作为装饰来进行褶皱设计，都不失靴子的立体感。热情奔放的红色靴子，在靴子跗背处进行褶裥处理，彰显活泼、可爱、恬适的风格（图2-4-53），利用金属环将装饰件进行褶皱处理，得到规整的褶立体装饰效果（图2-4-54）。

图2-4-51　规律褶皱

图2-4-52　靴筒规律褶皱

图 2-4-53 短靴跗背处的褶裥

图 2-4-54 褶皱装饰

（三）皱塑

皱塑鞋近年来颇为流行，体现出一种舒适的感觉，多用于鞋前帮（图 2-4-55）和鞋口门的装饰上（图 2-4-56）。

用于鞋子整个帮面的皱塑设计时，通过一种特定的皱塑工艺对鞋子帮面进行处理，得到的鞋子具有极强的时尚感（图 2-4-57）。

图 2-4-55 前帮皱塑

图 2-4-56 鞋口门皱塑

第六节 镶的工艺装饰

镶，指的是部件之间的镶接。

一、镶色

镶色指的是不同颜色或者是不同材质的帮部件进行互相搭配连接，从而组成一个多色的、完整的帮套。也可以是不同颜色或材质的皮料相结合组成一个帮部件。镶色的目的主要是要造成强烈的视觉冲击感。一般采用颜色比较

图 2-4-57 整帮皱塑

鲜艳的皮革材质（图2-4-58）；或是镶色形成的装饰件，通过不同颜色的材质进行组合，使鞋子的显眼部位成为目光聚集地的亮点，表现出穿着者追求时尚的性格（图2-4-59）。

图 2-4-58　彩色条镶接

图 2-4-59　十字形镶色

图 2-4-60　鞋头镶钻

二、镶钻

镶钻在女正装鞋的装饰中很常见，光彩夺目的水钻使女鞋看起来更加高贵典雅，尊贵不凡。一般多用于鞋头及绊带的装饰上。

（一）镶钻的装饰效果

镶钻装饰件给人一种稳重、大方、得体、典雅的感觉，很适合用在女士正装鞋上（图2-4-60）。镶钻装饰件单用在鞋头上使整款鞋简约但却不单调，符合白领女性的审美观念，可以将其干练、稳重个性淋漓尽致地表现出来（图2-4-61）。

（二）钻的形状

现代白领女性不仅重视自己的事业，同时也很在乎张扬自身的美丽，钻的形状不仅仅局限于圆形，也有方形的（图2-4-62）、叶形的（图2-4-63）、多角形的（图2-4-64）等。钻的形状大小不同，所体现的风格也会不同，方形镶钻装饰件也不再仅仅只是单用，也开始与形状各异的皮革、纺织材料组合使用，这样的组合不仅可以将干练、稳重表现出来，同时皮革的柔软和纺织材料的多样可以将

图 2-4-61　钻装饰件

图 2-4-62　方形钻装饰

女性柔美的一面展现出来，因而堪称一个完美的组合（图2-4-65、图2-4-66）。

图2-4-63　叶形钻

图2-4-64　形状不同钻

图2-4-65　钻的排列

图2-4-66　钻的装饰

三、镶珠

镶珠同镶钻有些相似之处，同样在女正装鞋中应用很多，也使鞋子看起来温润优雅，多用于帮面装饰。镶珠工艺用于鞋子整个帮面的设计中，珍珠的优雅高贵整个包裹住女性纤纤玉足，衬托出女性的优雅、成熟、知性美，珍珠的小巧精致又展现出女性的妩媚以及不言而喻的动人姿态（图2-4-67）；镶珠用于装饰件的设计，在鞋前头的装饰不仅丰富了鞋子的外观造型，更具有点缀的作用，点亮并且凸显出了女性高贵的特质（图2-4-68）。

图2-4-67　帮面整体镶珠装饰

第七节　包沿口工艺

包边是指在鞋靴的边缘通过包缝工艺包裹住鞋口的边缘，形成一种装饰效果。包缝一般有两种方法，折沿口包缝法（滚边）和贴沿口包缝法（包边）。

图2-4-68　装饰件镶珠装饰

图 2-4-69　异色滚边

图 2-4-70　同色滚边工艺

图 2-4-71　鲜亮的滚边皮滚边

图 2-4-72　黑色精良滚边工艺

一、滚边

（一）滚边工艺

滚边是指折沿口包缝法，多用于窄型沿口，是将帮面与沿口皮的粒面相对，上口边缘对齐，沿口皮在上，帮面在下，距离沿口皮 1mm 处缉一道线，然后在帮面的肉面沿口处以及沿口皮的肉面刷胶，待干后，将沿口皮向内折回、粘合、敲平。

（二）滚边应用

在鞋靴的鞋口边缘用与帮面相同的材料或者是与帮面不同的材料包裹着鞋靴的鞋口边缘，形成一种装饰效果。滚边使女鞋看起来具有很好的质感及精良感，一般多为异色滚边（图 2-4-69），但是也有同色滚边（图 2-4-70）。

用斜丝绺（liu）的布条或者是皮条将鞋子的上口等部位的边缘进行包裹的工艺，在我国传统的特色工艺中经常见到。滚边在旗袍中常常见到，而将这种工艺运用到鞋靴款式的设计中来，能够体现出女性的高贵、华丽的气质，不同颜色拼接的帮面，配上鲜艳的滚边皮以及精美的滚边工艺，使得鞋子既具有少女的甜美，又具有高贵典雅的气息（图 2-4-71）；结构简单的帮面，用黑色的滚边皮进行滚边，精良的滚边工艺显得格外高端大气（图 2-4-72）。

二、包边工艺

（一）包边工艺

1. 一次贴口包边工艺

根据包口的宽度，先在帮面上画出缝合标志线，然后按照标志线在帮面和帮里以及沿口皮的肉面刷胶，待干后，按照标志线将沿口皮粘贴在帮面上，然后再向内折回包紧，粘合在帮里上。一次贴合包边工艺可以用于包沿口、缝保险皮以及起埂结合等。

2. 二次贴口包边工艺

由于一次贴合包边工艺能够在帮面和帮里分别看到沿口皮的断口，为了克服这一缺点，通常会采用二次贴合包缝发。

图2-4-73　彩色鲜亮包边条

（二）包边的装饰应用

不同色彩的包边条可在凉鞋鞋口边缘进行装饰，黑白的强烈对比与玫红色鲜亮的搭配，配饰金色蝴蝶结装饰，两点相互叠加，形状、宽窄、颜色的不同构成了不同的包边效果，以亮感的颜色和皮质使得整个鞋子很闪亮，使穿着者的脚成为众人的关注的焦点，更使穿着者步伐轻盈，自信十足（图2-4-73）。

第八节　其他工艺

一、须边工艺装饰

须边工艺是指对纤维较长的或者是纺织布材料等的装饰件边缘进行打毛处理，得到一种须边。须边使鞋子看起来朴素大方，很适合一些向往自然舒适的女性使用（图2-4-74）。

图2-4-74　须边处理

二、嵌条工艺装饰

嵌条是指在鞋靴的帮部件之间采用与帮面材料相同的或者是与帮面材料不同的材料以线的形式表现出来的一种线的视觉感受的工艺，从而突出帮面分割，产生活泼和流动的视觉效果。

由于嵌条对工艺要求极其高，因此，良好的嵌条工艺会使得鞋子显得格外高端大气，精美贵气的鞋子穿着在女性的脚上，极大地提升了女性尊贵的气质，嵌条不仅用

图2-4-75　嵌条用于帮面分割

于多分割的帮面上（图2-4-75），还可以用于装饰件的设计中，使装饰件成为整个鞋子的亮点（图2-4-76）。

新颖的图案设计用嵌条等装饰工艺手法来表现能取得非常好的效果。蝴蝶结也是表现女性特性的典型手段，图2-4-77中这款鞋用自身材质手工制作的不对称蝴蝶结，运用滚边工艺进行鞋口以及蝴蝶结边缘的滚边，金色的滚边效果以及嵌条效果使得整个鞋子显得极其高贵，将华贵典雅体现得淋漓尽致；撞色的拼接加上嵌条精湛的工艺造就了鞋子造型的时尚感（图2-4-78）。

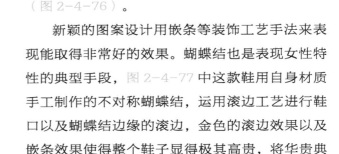

图2-4-77　鞋口嵌线

图2-4-78　撞色拼接与嵌条

图2-4-76　嵌条用于装饰件设计

三、拼接工艺装饰

拼接是指在鞋靴帮面的设计中，以一种材料搭配另一种材料，两种材料的颜色不同、材质不同或者是花色不同，形成不同程度的对比效果，进而产生装饰性效果。几种不同颜色的材质进行拼接形成高跟鞋的帮面，即使三种颜色形成了对比，但是视觉上不会给人带来一种违和感（图2-4-79）；棕色光面牛皮材料与棕色压纹牛皮材料相互搭配，给人一种新奇的视觉感受，而鞋身展示的是一种豪迈大气之感（图2-4-80）。

图2-4-79　颜色拼接

四、串的工艺装饰

串是指以一种特定的工艺将具有孔或者洞的珠子或者是装饰件串编起来，之后以线的形式在鞋靴的帮面上形成一种特殊的花纹或者是图案。不同类型的珠子串在一起在凉鞋的帮面上进行装饰，不仅仅是作为装饰物，还作为鞋帮面的一部分，形成一种独特的风格，使得穿着者在炎热的夏季尽享清爽风情（图2-4-81）。

图2-4-80　不同纹理材质拼接

五、填充工艺装饰

填充工艺是在鞋靴的帮面上通过面形成了一种空囊，然后在空囊中填充一种软质的材料，从而使得平面装饰成为立体装饰。不同的装饰件能够展现出女性不同的魅力所在。

利用某种柔软材料，如雪纺布、皮革以及其他纺织材料等缝制出来的空心材料等，通过填充工艺，充溢的棉花使其变得更加圆润，适合于年轻女性，表现出年轻女性活泼、可爱、清爽、清纯的性格（图2-4-82）。

图2-4-81　串珠装饰

图2-4-82　填充装饰

六、缉线工艺

缉线的装饰效果主要是通过缝纫线本身的特性（线的色泽、粗细等）和线迹两个方面共同体现的。

图 2-4-83　边口缝线

图 2-4-84　与帮面颜色相似的线条

（一）缉线本身特性

不同的缝纫线表现出来的性格是不同的，根据鞋靴款式的不同，选择不同的装饰线进行不同工艺的缝制。装饰线的选择，不仅具有加固部件与部件之间的衔接的作用，还起到了很好的装饰性作用，使得没有其他装饰件装饰的鞋子不呆板、不单调（图 2-4-83）。

棉线色彩柔和、自然纯朴；丝线光彩夺目、色泽好；金、银装饰线高贵典雅。根据鞋靴款式的不同，选择合适的装饰线，可以起到画龙点睛的作用。根据设计师所设计出来的图案，在靴筒上缝制出花朵的外轮廓，裸色的帮面选择与其颜色相近的缝纫线来作为装饰，达到了色彩和谐统一的效果（图 2-4-84）；或者是选择与帮面颜色不同的缝纫线，在鞋帮面缉出所设计的某种形状轮廓（图 2-4-85）。

图 2-4-85　与帮面颜色不同的线条

图 2-4-86　帮面菱形缝线图案

（二）缉线效果

在女性鞋靴缉线装饰中，最常见的一种方法是纫缝，可以得到规整的条状、方格、菱形、波浪形等几何图案，其图案视觉效果美观、大方（图 2-4-86）。这种工艺为了使得鞋子具有一定的立挺感，一般会在帮面和帮里之间加一层衬，保证纫缝出来花纹的平整。

七、穿条工艺

穿条工艺是指在鞋靴帮面通过皮条或者其他带状、绳状物进行贯穿，穿条工艺在女正装鞋中也大为盛行，突出明快的线条感，多用于鞋口一周（图2-4-87）。

根据穿条工艺的作用，将其分为功能性穿条工艺和装饰性穿条工艺。

（一）功能性穿条工艺

功能性穿条工艺是指穿条的效果参与了鞋靴功能性能的组成，最常见的就是鞋靴的穿条在形成了装饰的同时也充当了鞋靴的鞋带，影响着鞋靴的穿脱及舒适性能。在整体舌式鞋中，单调的鞋帮面穿上鞋带条，不仅使得鞋子具有了很好的穿脱性，而且还丰富了鞋子的造型（图2-4-88）。

（二）装饰性穿条工艺

在鞋靴帮面上进行穿条形成一种装饰效果，线状的流动性增强了鞋靴的流动感，使得穿着者具有轻快的步伐，有时候穿条在收尾处也会形成一种装饰。如在穿条收尾处形成一种蝴蝶结，蝴蝶结很好地展现了女性的甜美风格（图2-4-89）；金色穿条在鞋帮面的装饰体现出一种高贵典雅的气质（图2-4-90）。

图2-4-87　穿编条女鞋

图2-4-88　功能性穿条工艺

图2-4-89　蝴蝶结穿条收尾

图2-4-90　流苏穿条收尾

第五章
女鞋部位装饰设计

在女鞋的装饰中，不同的装饰件以及不同的装饰部位可以塑造出不同款式和不同风格的女鞋。女鞋的装饰是分区和部位进行的，不同的部位，对于装饰件的要求也不相同，既要满足女鞋穿着的舒适性，又要满足视觉的审美性。根据脚型的特点，女鞋的装饰部位主要分为鞋帮和鞋底两大区域。

第一节　鞋帮装饰

鞋帮指的是除了鞋底和鞋跟之外的部分，即包裹脚面的部分，包括前帮、鞋口、中帮、后帮、舌面、跗面、靴筒以及鞋整帮。装饰的部位不同，装饰件构成的形式也有所不同，产生的装饰视觉效果也不同。

一、前帮装饰

图 2-5-1　鞋前帮部位

鞋前帮指的是鞋帮面的前部，从前腰窝到脚趾部位的帮面（图 2-5-1）。鞋结构中，通常前帮是最醒目的位置，具有比较强烈的直观性。对于女鞋前帮的装饰，通常会给人先入为主的印象，其装饰效果能够影响女鞋的整体风格。因此，前帮也是女鞋装饰最为重要的部位。

女鞋前帮位置的装饰，能够对女性的脚型起到很好的修饰以及防护效果，也是女鞋装饰应用最频繁的位置，尤其是女士浅口鞋，在前帮的装饰，需要立体感强烈的装饰件或者装饰图案，使其具有比较强烈的直观性，以吸引观者的视线。对于女鞋前帮的装饰，可以说是造型千变万化，效果也是层出不穷。如图 2-5-2 前帮鲜亮颜色的花卉图案，不仅抢夺了观者的视觉，而且亮色能够衬托出女性美足的肤色白净和纤瘦；或者前帮材质本身的纹理也是对鞋子前帮的一种装饰，再结合拼接工艺，使得整个鞋的观赏度大大增加（图 2-5-3）。

图 2-5-2　前帮花卉图案装饰

图 2-5-3　前帮材质拼接装饰

　　女鞋前帮装饰，可采用多种手法，不同的手法会创造出不同的视觉效果。浅黄色的清爽，透明串珠珠链和柔美轻盈的雪纺花边是所有爱美女性追求的天真气息，成为夏季朝气蓬勃的一股正能量，鱼嘴鞋、短脸浅口鞋是时尚的主流核心元素，它使得穿着者露出玉趾而又不失优雅，增显了女性的魅力（图 2-5-4）；小巧的蝴蝶结配饰以印花皮带装饰，丰富了时尚观感，更展现着清新的气质，使得女性的性感美中透露着甜美（图 2-5-5）；水钻的晶莹闪亮，高贵典雅，在心形部件上的装饰，温柔甜美中充满了爱意，是热恋女性的挚爱，穿着者有足下生辉之感（图 2-5-6）。

图 2-5-4　前帮雪纺材质装饰

图 2-5-5　蝴蝶结前帮装饰

图 2-5-6　晶莹水钻前帮装饰

图 2-5-7　鞋口部位

图 2-5-8　鞋口滚边装饰

图 2-5-9　中帮部位

图 2-5-10　鞋口穿条装饰

二、鞋口装饰

女鞋鞋口装饰一般指的是单鞋鞋帮上边沿（图 2-5-7），在女鞋鞋口进行装饰，能够使得女鞋具有强烈的层次感、轮廓感以及线条感。

一般情况下，鞋口装饰是由装饰件颜色、材质与帮面颜色、材质的强烈反差而形成，或者通过特殊的工艺来实现，如穿编皮条、镂空、缉线或者是刺绣等，不仅使女鞋具有了层次感，还丰富了鞋口造型。鞋口采用精湛的滚边工艺，银色水钻本身的高贵华丽与完美的工艺结合，大小不同的水钻规整地排列起来，在鞋口边沿的装饰使得本身不对称的鞋口显得更加个性时尚，是一款很吸引人眼球的浅口鞋（图 2-5-8）。

三、中帮装饰

中帮是指位于鞋帮内外两侧，在鞋的前帮和后帮之间，分为内怀和外怀（图 2-5-9）。一般情况下，内怀处于两只脚中间部位，通常比较隐蔽，如果加以装饰，一方面不能很好地显示装饰性效果，另一方面如果是立体型装饰，会影响人走路，甚至造成危险。因此，通常情况下，对于中帮的装饰，指的是在鞋靴的外怀进行装饰，外怀也就成了鞋子中帮装饰的重点。

中帮的装饰作为女鞋的另一个重要的装饰部位，给女鞋增添了许多趣味性元素。一般情况下，多采用刺绣、镂空、缉线、穿编等工艺，使用与鞋帮颜色相同或者不同的材质进行装饰，能够增强女鞋的层次感、轮廓感以及线条感，彰显女鞋的魅力。

简约的帆船鞋，柔然舒适，吸引了许多追求美和时尚的女性，在鞋口处穿条带并通过手工将其系出蝴蝶结样彰显女性的娇柔甜美（图 2-5-10）；滚边加铆钉装饰，使得整个浅口鞋轮廓的立体感更加鲜明，简洁的款式以及轻铆钉装饰形成的活泼帅气，与休闲的服饰进行搭配，会更显女性活泼和甜美（图2-5-11）；黑色的反毛皮帮面，与黑色的星状亮片装饰件相搭配，彰显魅力（图2-5-12）。

旋转式裸踝靴的开口方式一般都在中帮处，因此，对于旋转宽绊带的装饰也是这种款式鞋造型丰富性设计的一大亮点（图2-5-13）；简单的大面积拼接使得这款浅口鞋显得大方、简洁，时尚感十足，黑白相间的颜色搭配，使得足部显得纤细，同时，鞋子更具有淑女气质，与服饰的随意搭配更显这款鞋的时尚魅力（图2-5-14）。

真皮材质裁剪，中帮通过冲孔工艺既具有时尚性，又增强了鞋靴的透气性，增加了鞋子的舒适性和卫生性能（图2-5-15）；圆头柔软羊皮时装女鞋外怀采用条带编结，并配饰立体蝴蝶结，将女性的性感美淋漓尽致地表现出来（图2-5-16）。

图 2-5-11　鞋口铆钉装饰

图 2-5-12　鞋口星状亮片装饰件

图 2-5-13　旋转式裸怀靴

图 2-5-14　中帮拼接装饰

图 2-5-15　中帮冲孔装饰

图 2-5-16　中帮条带编结

四、后帮装饰

图 2-5-17   后帮部位

后帮指的是鞋帮后半部分（图 2-5-17），装饰件通常是在女鞋后跟外怀或者后跟正后面。对于女鞋后帮的装饰，一般都是通过装饰件或者通过一定的装饰工艺而得到的某些装饰图案，赋予整个鞋子较强的观赏性，吸引消费者以及观赏者的注意力。

在后跟正后面的装饰，通常情况下，从鞋子的后面才能够看到完整的装饰效果。对于鞋后帮的装饰，通常是为搭配不会盖住鞋子帮面的服饰进行的设计，主要目的是通过鞋子后帮的装饰效果来表达整个鞋子的效果。鞋后帮的装饰会吸引观者的注意力，时尚、甜美的蝴蝶结，闪耀的彩色水钻设计（图 2-5-18），使得整个鞋子显得奢华无比，鞋底的璀璨装饰更加提升了鞋子的华丽气质；与帮面材质相同的蝴蝶结装饰，紧贴于后跟部位，展现出女性柔美、可爱、甜美的风格（图 2-5-19）。

图 2-5-18   后帮蝴蝶结装饰

图 2-5-19   后帮大花蝴蝶结装饰

图 2-5-20   后帮串珠立体花装饰

后帮串珠立体花饰品与帮面颜色协调一致，单调中赋予变化，漆面的皮革显得格外优雅气质，使得穿着的女性显得更加柔美干练，充满魅力的细高跟浅口鞋，红色的惊艳和与黑色鞋边搭配，显得神秘而性感，红色纽扣以金色金属色为边，在鞋后帮的装饰与鞋底以及鞋跟的红色和谐统一（图 2-5-20）；金属色亮片装饰赋予鞋子高贵气息，加上心形的边框，使穿着者显得身材修长的同时显得更加美丽、性感迷人（图 2-5-21）；金属亮片做成的流苏在黑色鞋后帮的装饰，灰暗中透露着阳光（图 2-5-22）。

图 2-5-21 后帮心形亮片装饰

图 2-5-22 后帮金属流苏装饰

五、鞋舌装饰

鞋舌是跗背部位像舌头的部件，主要是保护跗背（图 2-5-23），也可以装饰图案，起到美观的作用。对于鞋舌的装饰，一般都会在接近脚腕的部位，通过对鞋舌的装饰来丰富鞋靴的造型。常见的鞋舌装饰的款式有耳式鞋、舌式鞋以及靴子。

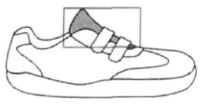

图 2-5-23 鞋舌部位

近几年鞋舌被一些运动品牌设计师开发作为装饰的重点。鞋舌上的装饰图案有立体和平面两种形式。

常见的立体图案为动物的造型图案和毛皮图案；鞋舌的平面图案采用的是民族风格的几何图案，图案色彩和帮面色彩既有对比，又有呼应，体现了一种民族风；有时候也会采取一些抽象图案，有些直接用品牌的 logo 对鞋舌装饰，彰显个性（图 2-5-24）；鞋舌上的水钻孔雀装饰，闪亮夺目，给人以个性、可爱的感觉，给原本简单款式的运动鞋增添了活泼感，酒红色的热情、浪漫、性感给人一种洒脱、奔放的感觉，老虎头像的金属装饰物在黑色鞋舌上的装饰，尽显女性的野性美（图 2-5-25）。

图 2-5-24 鞋舌印花装饰

图 2-5-25 鞋舌金属饰扣装饰

六、靴筒装饰

图 2-5-26　靴筒部位

靴筒部位指的是靴子脚踝以上的部位，装饰面积较大（图 2-5-26），靴筒的装饰以及靴子的整体外观结构决定了女靴的风格。靴筒装饰图案不仅能增加靴子的美观而且可以掩饰缺陷、修饰腿型，加强腿部的装饰效果。靴筒位置的装饰因面积较大，所以可以运用的图案比较广泛。可运用面积较大的图案，有流动感的图案，如流苏在靴子整个靴筒的装饰，加上民族风格条带的穿编，流苏本身的俏皮和民族条带的配饰，整个鞋子显得更加时尚、活泼（图 2-5-27）。

各种不同的工艺均可以被运用到靴鞋的装饰中。绒面革的靴子，流苏在靴筒外踝处的装饰，与细高跟搭配，使得整个靴子具有了愉快的跳跃感，捏褶的小圆头浓浓的复古气息，配饰以淡金色的金属编织链，更显时尚、美艳气质（图 2-5-28）；简约素雅的鞋面简洁却不简单，材质的大块拼接使得整个靴子散发出时尚摩登范儿，外侧的拉链装饰不仅具有控制靴筒开口大小的功能性，而且还起到了很好地装饰性作用，整个鞋子显得格外优雅、简单时尚（图 2-5-29）。

图 2-5-27　靴筒流苏与民族风
穿条

图 2-5-28　流苏与金属链装饰

图 2-5-29　外侧拉链装饰

七、跗面装饰

跗面是指脚面位置的帮面，跗面位置的帮面是有弧度的曲面（图 2-5-30），所以对图案的选择有限制性。女鞋跗面部位的装饰使用较大面积的图案，因鞋款的特点，装饰件和跗面构成一体，呈曲面，图案也会随着跗面弧度的变化而形成跗面弧度，丰富了女鞋款式的层次感，既简约又时尚。比如采用刺绣花造型，一朵大牡丹花装饰在跗面的弧度上面，运用同一色系的帮面色彩和刺绣线条色彩，具有较强的装饰性（图2-5-31）。

图2-5-30　跗面部位

鞋跗面最大的特点是弧面曲度较大，占据的面积也较大，并且也是很显眼的部位，通常其装饰效果很大程度决定了鞋子的美观性能。因此，对于装饰件以及装饰手法的选择也很重要，对于装饰元素选取的局限性也很大。采用镂空的方法得到鞋跗背，褐色的深沉以及金属链刚性的质感使得整个鞋子展现出来的风格是干练，当女性穿着这款鞋子时，很具有干练女强人的气质（图2-5-32）。在凉鞋帮面跗背部位，将不同颜色的珠子穿起来形成的装饰，使得鞋子具有波西米亚风格，木质松糕鞋底也是时尚流行元素，整个鞋子既具有民族风，又具有木质感回归自然的气息（图2-5-33）；手工编织的鞋帮跗面，西瓜红色尽显夏季炎热中的清爽透凉，使得整个鞋子显得精美无瑕，自然，秀丽动人（图2-5-34）；中空的灰色帮面，将女性玉足的嫩白纤细衬托得无以复加，跗背上的细带给人一种勇敢果断的精气神（图2-5-35）。

图2-5-31　跗面绣花装饰

图2-5-32　镂空跗面金属链装饰

图2-5-33　跗面串珠装饰

图2-5-34　跗面编织装饰

图2-5-35　跗面条带装饰

图 2-5-36　民族风格整体装饰

图 2-5-37　镜面帮面印花效果

图 2-5-38　金属链整体装饰

图 2-5-39　铆钉整体装饰

八、覆盖装饰

除了以上所说的鞋帮面的局部装饰，鞋子帮面整体覆盖装饰，也是现代鞋靴装饰中的一大亮点，通过材料的前处理，刺绣、印花、压花、串珠、贴钻等，实现全帮面装饰的一种视觉及触觉效果。通过手工刺绣，在牛仔面料上面形成民族味强烈的前帮带、跗背带以及踝带，使得鞋子具有民族风格的同时，显得更加活泼可爱（图2-5-36）；帮面的前处理，经过特定的印花形成的白色和黑色相间的几何纹状图案，使得整个鞋子在具有整体感的同时，帮面材质自身又是一种很好的视觉吸引装饰物（图2-5-37）。常见的整体装饰有以下几种。

（一）金属覆盖装饰

金属装饰物的布局不仅仅局限于鞋子帮面的前帮或者是后跟处。鞋跟上的金属装饰也是一大亮点，有时候鞋靴整体金属的装饰，使得鞋靴在更加具有立体感的同时，更多的给人以更大的视觉冲击力。金属装饰件不仅是单个的独立的金属件，也可以是独立的小金属环相互连接形成的金属链，金属链规整地爬满整个鞋子，具有整体感和极强的个性感，同时又塑造出了一种硬朗、性感的朋克风格，将女性的魅力极致地展现出来（图2-5-38）；除了金属拉链，在鞋靴装饰设计中，金属装饰以铆钉的形式出现得也较多，铆钉的厚重感总能给人几分狂野的感受，对于时装鞋，铆钉的装饰不仅增加了鞋靴的时尚感，而且给鞋增添了几分野性，使得穿着的女性具有性感、狂野的魅力，又很具有时代感（图2-5-39）。

（二）水钻覆盖装饰

水晶钻石总是华美高贵的象征，不同数量、大小的水钻经过不同排列方式的组合在鞋靴帮面或者是整

体的装饰，使得整个鞋子既具有时尚感，又尽显女
性足下生辉的魅力，尤其是在太阳光或者彩色灯光
的照射下，水钻发挥其独特的闪烁璀璨的特性。绒
面鞋帮面上，加上大小不一的银色透亮水钻，在整
个帮面和鞋跟上的排列，形成一种图案，使得这款
时装鞋具有了一种温文尔雅的性格，同时又透露着
某种神秘的感觉，那种神秘会深深地吸引关注者的
眼球（图2-5-40）；同样大小的水钻，经过相同
规律的排列，由点元素构成了整个鞋靴的帮面，灰
色更符合职场那种凝重的工作氛围，因此，这款鞋
子穿着在职场白领女性的脚上，展现出女性的端庄、
成熟以及亲切感（图2-5-41）。

图2-5-40　大小不同水钻形成
图案装饰

（三）金银色覆盖装饰

　　亮片总是如鱼鳞般在波光粼粼的水面闪烁，在
鞋靴装饰中，不同的角度，亮片会闪烁出渐变的特
殊的光泽，耀眼夺目。金色亮片的存在使得整个鞋
子变得闪亮起来，让鞋靴完美地轮廓更加清晰，更
加具有立体感，从而使一款普通的鞋靴升级为华美、
高贵的鞋靴（图2-5-42）；金色的金属扣在前帮
的装饰，金属色与金属鞋跟相呼应，金色的高贵加
上银色的圣洁、典雅，鞋跟特异的造型，使得整个
鞋子展现出一种非凡的视觉效果（图2-5-43）；
或者只用金属色本身的颜色对鞋子进行装饰，更完
美地体现出了金银色本身的魅力（图2-5-44）。

图2-5-41　水钻规律装饰

图2-5-42　金色装饰

图2-5-43　金银色装饰

图2-5-44　银色装饰和金色装饰

图 2-5-45　动植物图案组合装饰

图 2-5-46　豹纹整体装饰

图 2-5-47　抽象图案（一）

图 2-5-48　抽象图案（二）

（四）图案覆盖装饰

图案元素在鞋靴造型设计中应用较多。在鞋靴造型设计中图案应用分为抽象图案、具象图案、古典图案、几何图案四种。其中抽象图案应用最多、最广。

女鞋的图案装饰总是通过视觉感官传达给人们的，在时装鞋上发挥的作用较明显。不同的图案对于女鞋的装饰，会展现出不同的文化特征，也表达了不同风格的审美特征。整体装饰在女鞋图案设计中相对来说是比较常用的一种装饰手法，其特征是女鞋的帮面和跟部全部用图案装饰，使女鞋在具有丰富款式的同时，又具有很强的视觉冲击力，使女鞋想要表达的风格格外突出。

在运用图案设计时，设计师首先应注意对图案本身的设计，图案可以是仿生的具象图案，如花、草、树叶、蝴蝶、昆虫等动植物特有的图案纹理，也可以是抽象图案。为表现时装鞋的民族特点，也可以运用某些民族传统纹样。其次，运用图案元素要特别注意它在鞋上的布局和位置，这对图案在鞋上的装饰效果影响很大。另外，除印刷工艺外，图案如果能结合某种装饰工艺手法，如镂空、冲孔、嵌绳、刺绣、镶嵌等，可以取得更好的效果，使时装鞋又增加一种工艺美感。

鞋帮上可爱卡通狗图案与鞋跟上的小碎花交相辉映，色调的搭配、款式的设计都体现出女性甜美、可爱、文艺的风格（图 2-5-45）。

豹纹图案装饰的女时装鞋，将一种野性的豹子形象完全展露在观者的面前，既有豹子的狂野，性感美中渗透着野性魅力，又充满了不老的时代感（图 2-5-46）。

1. 抽象图案

多以对称式曲线或非对称式曲线出现，通过材质拼接或者是缝线，得到某些不规则曲线，再增添某些抽象图案，不仅丰富了鞋的造型，而且增添了甜美女性的活泼感（图 2-5-47）；抽象图案更具有想象力，突出女性的千姿百态与热辣魅力，多用于整个帮面（图 2-5-48）。

2. 具象图案

设计一般不要求过分写实和复杂，运用较多的是花卉、树叶和草等植物形象，花卉图案深得女性喜欢，体现浓浓的女人味道，多用于整帮装饰（图2-5-49）。或者是可爱生动的动物形象及自然典雅、稚气清纯的卡通人物形象（图2-5-50）。

3. 古典图案

古典装饰图案与纹样的运用，能充分体现民族性和文化性。刺绣工艺的运用，使古典风格加鲜明（图2-5-51）；古典图案运用精致的程度也是休闲鞋所努力追求的，如青花图案的素雅与清淡是一个永不过时的时尚元素（图2-5-52）；新时代潮流的波西米亚风则以不同的视觉盛宴展示给观者，图案颜色鲜亮、生动、活泼，是许多爱美女性夏季狂爱的一种风情（图2-5-53）；远古时代的微生物图案缩影所构成的帮面装饰，给人一种古老而神秘的色彩（图2-5-54）。

图 2-5-49　花卉图案

图 2-5-50　人物图案修饰

图 2-5-51　刺绣图案

图 2-5-52　青花图案

图 2-5-53　波西米亚风图案

图 2-5-54　微生物图案

4. 几何图案

几何图案多用于整个帮面的装饰，突出年轻女性的活泼与动感（图 2-5-55 至图 2-5-58）。

图 2-5-55　点元素

图 2-5-56　折线元素

图 2-5-57　横线元素

图 2-5-58　几何方形元素

第二节　底部件装饰

鞋靴的大底有整底和带跟底两种基本形式。大底是任何一种鞋靴不可缺少的组成部分，是鞋靴形式美感的重要部位和组成部分，而且在某些鞋类（如运动鞋、旅游鞋等）大底可以全方位地展示它造型上的美感。

不同鞋类，对鞋靴底、跟造型要求不同，如正装鞋类的底、跟造型设计变化较少，时装鞋、凉鞋、晚礼鞋、拖鞋、运动鞋、旅游鞋、休闲鞋、前卫鞋等对底、跟造型设计比较关注，设计变化较多。凉鞋和拖鞋一般露出内底，这时设计师可以把它看成大底造型组成部分进行色彩、材质和图形上的设计，凉鞋和拖鞋这一部位设计得好，对消费者的吸引力是比较大的。

鞋靴底、跟造型设计有一般形态造型变化、色彩变化、材质变化、装饰变化、图案变化（结合"浮雕式"立体装饰效果，多见于运动鞋、旅游鞋中，也可以用平面印刷装饰手法）、立体构成变化等设计手法。其中一般形态造型变化和材质变化适合于正装鞋类、准正装鞋类；材质变化、色彩变化和图案变化适合于运动鞋、旅游鞋、休闲鞋和童鞋；立体构成变化、镂空变化、材质变化和装饰饰件设计手法适合于时装鞋、晚礼鞋和前卫鞋。以上各种鞋靴底、跟设计手法所对应的鞋类品种并不是绝对的。

在女士浅口鞋中，鞋跟主要是起到支撑定型、改善舒适感和装饰美化的作用。鞋子后跟高度在很大程度上决定着鞋子的整体风格类型。

同一款鞋子跟型不同所体现出来的鞋子的整体风格也不完全相同。平跟使整款鞋给人以舒适、平稳的感觉，而高跟则使整款鞋有无穷的时尚感。

鞋跟无论是高度、粗细或形状的变化都可改变鞋子的风格，因而在女浅口鞋设计中鞋跟的造型变化设计也是一个值得关注和研究的方面。

一、鞋跟的分类

（一）按跟高分类

一般从传统意义上，人们习惯将鞋跟按照跟高高度不同，分为低跟/平跟、中跟、高跟以及超高跟。

1. 低跟/平跟

低跟或者平跟是指跟高度在 25mm 及以下（图 2-5-59）。

2. 中跟

中跟是指后跟高度为 30~50mm（图 2-5-60）。

3. 高跟

高跟则是指后跟高度为 55~100mm（图 2-5-61）。

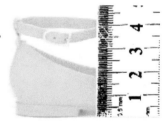

图 2-5-59　低跟/平跟

4. 超高跟

超高跟是指 100mm 以上的跟高（图 2-5-62），超高跟在日常生活中比较少见，但是近年来较为流行，尤其在时装女鞋中应用较多。

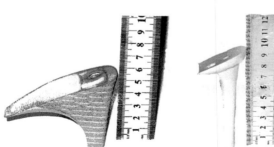

图 2-5-60　中跟高度

图 2-5-61　高跟高度

图 2-5-62　超高跟高度

（二）按历史发展来分

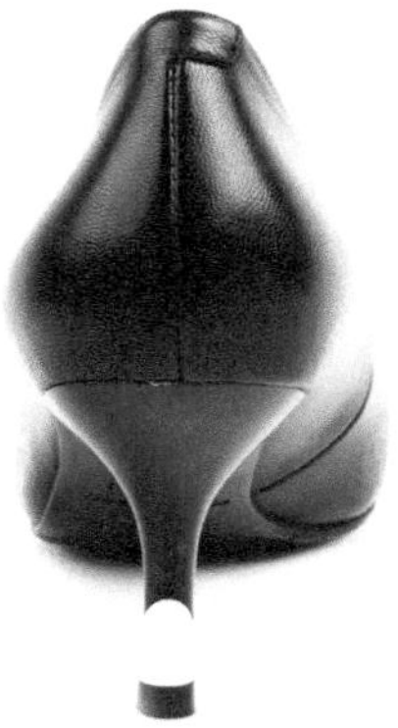

从鞋跟的历史发展及其形状来讲，又可分为大陆式跟、西班牙跟、路易斯跟、堆跟、中直跟、冠状跟、楔形跟、荷兰式跟、平跟、锥形跟、匕首跟、无跟鞋、异形跟。

1. 大陆式跟（continental）

大陆式跟上部似一圆弧，下部细直，形状像一个酒杯，故也有人称之为酒杯跟（图2-5-63）。

这种鞋跟一般不具有很高的高度，更适合于中、低跟，将它应用到浅口鞋中，会使整款鞋表现出圆润、可爱的特点，穿上它会使女性具有活泼可爱的一面，同时又不失淑女风范，受到年轻女性的青睐。

图 2-5-63　大陆式跟

2. 西班牙跟（Spanish）

西班牙跟后部的弧线非常漂亮，可用于粗跟也可用于细跟，这种鞋跟更适合用于中、高跟（表2-5-1）。

表2-5-1　西班牙跟的应用

应用在中跟中		应用在中跟中，因为跟高不是很高，满足舒适性的同时也可以将女性的线条美完全地表现出来，总体给人一种稳健、干练的感觉，比较受白领女性的喜欢
应用在高跟中		用于高跟鞋，会给人一种时尚现代感，在时装鞋中应用较多

3. 路易斯跟（louis）

路易斯式鞋跟，上部丰满，整体形状较为奇特，其典型特征是外底面至跟口有一个小小的卷舌包在跟口面外。一般用于中低跟，比较适合中年女性鞋靴的设计，整体显得雍容华贵（图2-5-64）。

图2-5-64　路易斯跟

4. 堆跟（stackea）

堆跟是由碎片皮革堆积成型的。现在基本都采用包跟的形式，就是将皮革片成薄片，堆积粘贴起来，再切成薄片，包在成型跟外面。这种跟可用于各种跟型，可形成各种不同的风格，但都较为休闲的风格（图 2-5-65）。

图 2-5-65　堆跟

5. 直跟（setback）

前后跟线都是直线。一般不应用于低跟，在高跟中应用效果更佳。相比较而言，这种跟型更适用于针对年轻女性的设计，更能凸显现代感、时尚、率直。细高直跟能够展现女性的性感美（图 2-5-66）；中直跟鞋常常用于职场女性的穿着，以一种干练的形态展示给穿着者以及观看者（图 2-5-67），粗中直跟更能展现出一种稳定中存在的现代感以及时尚率直感。

图 2-5-66　细高中直跟

6. 冠状跟（heeded）

冠状跟是指整体呈弯曲状，是 2006—2007 年的一种流行，适用于女性 25 岁以上鞋的设计，整体表现出一种知性美。孔雀羽毛花纹装饰的冠状鞋跟与鞋子帮面材质相同，使整个鞋子有种浑然天成的完美感觉（图 2-5-68）；渐变色的鞋跟处理让鞋子仿佛有一种复古风情，尽显穿着者的知性美感（图 2-5-69）。

图 2-5-67　粗中直跟

图 2-5-68　包跟冠状跟

图 2-5-69　复古冠状跟

图 2-5-70　楔形跟镂空设计

图 2-5-71　楔形跟透明材质设计

图 2-5-72　楔形跟包跟处理

7. 楔形跟（wedge）

楔形跟即生活中最常见的坡跟。相对于其他跟形的鞋子，坡跟鞋子穿着比较舒适，因此一般楔形跟都应用于较为休闲的鞋子。在对鞋子帮面的设计之余，坡跟的设计也是丰富鞋靴造型一种方法。心形的镂空，加上帮面后跟处蝴蝶结的装饰，使整个鞋子具有甜美的风格（图 2-5-70）；透明塑料材质的楔形跟，展现出一种视觉透明化的效果，给人一种清爽的感觉，多用于夏季凉鞋的鞋跟设计（图 2-5-71）；小亮片作为涂层，在皮革表面的装饰，对楔形跟进行包跟处理，使整个鞋子帮面与鞋底形成一种经典搭配，鞋后跟的亮片装饰更加提升了鞋的观感舒适度，给人一种优雅的感觉（图 2-5-72）。

8. 荷兰式跟（dutch）

荷兰式跟有较粗的跟型，线条也较为硬朗。一般应用于休闲、粗犷的鞋子，整体表现的较为开朗、霸气（图 2-5-73、图 2-5-74）。

9. 平跟（flat）

平跟大都用于休闲鞋。可以表现淑女的风格或可爱的风格。女性鞋子可爱的风格体现在鞋靴的帮面图案材质以及其装饰方面（图 2-5-75）；与甜美风格相比较，帮面分割则给观者一种自如休闲的感觉（图 2-5-76）。

图 2-5-73　包跟荷兰式跟

图 2-5-74　荷兰式高跟

图 2-5-75　甜美风格平跟鞋

图 2-5-76　休闲风格平跟鞋

10. 锥形跟

锥形跟上粗下细，线条较直，呈现出倒三角锥字形。锥形跟中高跟体现出一种性感的美（图2-5-77），中跟体现出一种知性美（图2-5-78）。

11. 匕首跟

匕首跟，一般较细，整体很直，形状像匕首。一般用在高跟鞋中，有冲天的感觉，会令穿着者气质增加（图2-5-79）。

12. 无跟鞋

无跟鞋是 2008—2009 年兴起的一种近似"疯狂"的一种设计。可以说是时尚与科技的结合，这一类鞋子对女性自身平衡的把握能力是一种极强的考验，因此，在穿着的过程中，需要极强的稳定性才可以驾驭这种无跟鞋（图2-5-80）。

13. 异形跟

根据各种跟型变化而来，形状特异，很有个性。一般搭配于名品鞋中，以衬托穿着者独特的气质。

图 2-5-77　高跟锥形跟

图 2-5-78　中跟锥形跟

图 2-5-79　匕首跟

图 2-5-80　无跟鞋

在时装鞋、创意鞋中应用较多（图2-5-81至图2-5-84）。

图2-5-81　各种异形跟

图2-5-82　异形锥形跟

图2-5-83　异形坡跟

图2-5-84　异形镰刀跟

二、跟型的设计应用

（一）低跟

低跟，一般都应用在相对运动或休闲的浅口鞋中，以其舒适性与"随意"性吸引广大女性消费者。

图2-5-85　低跟与圆头搭配

1. 与圆头鞋搭配

低跟与圆头的搭配，表达的是可爱、活泼的感觉，使穿着者显得年轻有活力（图2-5-85）。可用于各种年龄阶段女鞋的设计，不过应注意色彩的运用（图2-5-86）。低跟浅口鞋一般不搭配长裤，但经常与紧腿的牛仔长裤搭配。整体可体现出休闲的感觉，但同时不失女性自带的可爱。

图2-5-86　用于儿童鞋设计

2. 与尖圆头搭配

低跟通常都不会配以很尖的尖头，多是尖圆头（图2-5-87）。相对于圆头表达得更隐忍、知性，同款式的设计，此类搭配看起来也较为成熟些，更适用于30岁以上年龄段女鞋的设计。装饰件应用在鞋头上较多，但不用特别大或者夸张的，更多倾向于中小型装饰件，而且装饰件多带有金属或者钻类的小饰品。

图2-5-87　平跟与尖圆头搭配

与圆头相比较，尖圆头与长裤的搭配看起来更为协调，也会显得更加成熟，与短裤、中裤的搭配则显得不是很理想。但对于近年来"哥特式"风格的喜好者，这种款式的鞋与"哥特类"中性风格的搭配是很好的选择。对于平跟与尖圆头的装饰，配饰金属饰扣形成一种不对称的装饰，既个性，又很时尚（图2-5-88）。

图2-5-88　不对称装饰

3. 与方头搭配

平跟鞋与方头的搭配显得更为休闲。此类的鞋子（除了颜色的选择）可以基本不受年龄的限制。大多用较为柔软或很质感的材料作为鞋子的帮面。不过因为近两年方头鞋不在主流流行范围，这类鞋子也较少能见到。或者在鞋头装饰皮革或者金属件，搭配职业装，更具有职业气息，让人觉得稳重可靠。

图2-5-89　鞋头皮革立体花装饰

在鞋头装饰皮革立体花或者是皮条等使得整个单调的鞋帮面变得个性起来（图2-5-89）；金属圆形扣件装饰或者金属鞋钉扣装饰的不对称前帮结构都是对鞋子前帮的装饰，使得鞋子前帮醒目的部位更加具有焦点的特征（图2-5-90）。

图2-5-90　鞋头金属装饰件装饰

（二）中跟的搭配

中跟，用途比较广泛，各种形状的鞋跟都可以中跟的形式出现，不过中跟与圆头的搭配不如低跟与圆头的搭配显得那么可爱，与尖头的搭配看起来更加成熟，带有一种职业的气息，与方头的搭配则显得更加干练。

1. 表现休闲时尚

中跟的搭配设计风格多变。休闲风格的鞋靴有很多采用楔形中跟。一般较粗的跟看起来比较休闲，而较细的跟看起来比较时尚，当然也并非绝对，还要配合材质、装饰、款式设计等。年轻女孩一般青睐圆头的设计，看起来青春、个性、时尚（图2-5-91）；而稍成熟的女性则偏好尖头、尖圆头的设计，显得成熟稳重（图2-5-92）。

图2-5-91　中跟与圆头搭配

图2-5-92　中跟与尖头搭配

2. 表达高贵气质

为避免出现过于花哨的颜色或装饰，一般选择较细的跟进行鞋靴设计，并且多与尖圆头或小圆头搭配，几乎不用很圆的圆头。常用西班牙跟（图2-5-93）、路易斯跟（图2-5-94）、冠状跟（图2-5-95）、匕首跟（图2-5-96）来配合设计。因为是中跟，不会有过于出挑的感觉，所以也能将这种气质表达到最佳程度。

图2-5-93　与西班牙跟搭配

图2-5-94　与路易斯跟搭配

图2-5-95　与冠状跟搭配

图2-5-96　与匕首跟搭配

3. 表现职业气息

在职场中细跟显得不稳重，中跟是表现职业气息最好的选择。通常配以尖圆头、小圆头、尖头或者方头（图2-5-97至图2-5-100）。可以毫无装饰，也可配以相对收敛的饰件，能够表现出成熟稳重感。

图2-5-97　中跟与尖头搭配

图2-5-98　中跟与圆头搭配

图2-5-99　中跟与尖圆头搭配

图2-5-100　中跟与小方头搭配

（三）高跟的搭配

高跟鞋一般是时尚最好的表现方式。高跟鞋最大的特点就是能够增加人体美，鞋跟抬高，人重心前移，当保持躯体的平衡时人体自然会抬头、挺胸、翘臀，增加了人体的纵向曲线幅度，将人体比例重新分配，塑造出一个更好的形体线条。另外，高跟鞋的触地面积较小，降低了行走过程中的摩擦阻力。然而，如果长时间穿高跟鞋行走，则会导致肌肉和关节疲劳，出现腰痛等症状。高跟鞋可用各种跟型搭配，但是通常是与匕首跟搭配。不管以何种风格出现，都是出挑的装饰件，是各个年龄层次的女士追逐时尚的选择（图2-5-101、图2-5-102）。

图2-5-101　大红色细高跟

图2-5-102　白色细高跟

高跟与异形跟的搭配近两年越来越多，它能将高跟鞋的出挑再加一个层次，是个性设计的表现，能使鞋子看起来特别吸引眼球（图 2-5-103 至图 2-5-107）。

图 2-5-103　异形锥形跟　　　　　　　　　　　图 2-5-104　异形镂空跟

图 2-5-105　异形火炬跟　　　　图 2-5-106　异形坡跟　　　　图 2-5-107　异形镰刀跟

（四）鞋跟装饰

鞋跟位于鞋靴外底后端，起到调节人体平衡以及缓冲的作用。从鞋跟的造型上，大致可以将其分为，单跟和船型跟。单跟指的是大底和鞋跟底面不相连，船型跟指的是鞋跟和外底连成一体。鞋跟造型的变化，不仅在于鞋跟的造型，鞋跟的材质，还在于鞋跟的装饰。

金色金属的铆钉元素装饰的船型跟，使得鞋底显得舒适的同时又具有强烈的时尚感（图 2-5-108）；时尚的水钻流行元素在鞋跟的装饰，水钻的璀璨使得整个鞋子照亮了观者的视野，吸引了他们的目光，银色更能演绎出最抢眼的摩登力量（图 2-5-109）；通过喷镀形成的一种金属质感的新材料鞋跟，搭配高贵的蓝色帮面，金属质感叠加蓝色的高贵，将整个鞋子推向了奢华的顶峰（图 2-5-110）；通过镂空雕刻的鞋跟，与这款粉色的女式鱼嘴鞋进行搭配，是给都市甜美女性量身打造的一款鞋子（图 2-5-111）；鞋底以及鞋跟上的金属长方形状饰件与金属色水钻的装饰，给单调结构的鞋子添加了几分动感，使穿着者不再呆板，变得更加活泼、美丽动人（图 2-5-112）。

　　鞋跟形态的设计也是一大亮点，球形的鞋跟给人以圆润的感觉，菱形水钻对鞋跟的装饰显得更加足下生辉，包鞋跟皮的自身材质也赋予了鞋靴不同的视觉效果（图 2-5-113）。

图 2-5-108　金属金色铆钉装饰

图 2-5-109　银色水钻装饰

图 2-5-110　金属质感喷镀

图 2-5-111　镂空装饰

图 2-5-112　长方形状金属装饰

图 2-5-113　不同形状装饰以及不同质感包鞋跟皮

第六章
女鞋结构装饰特征

女鞋根据鞋帮结构，可以将其划分为耳式鞋、舌式鞋、浅口鞋、凉鞋、靴鞋等款式造型。

第一节   耳式鞋

女耳式鞋指的是在鞋帮面上存在着耳式结构的部件，通过穿鞋带、魔术贴或者鞋钎钎扣的形式控制着鞋子的开口方式。根据耳式鞋的开口方式，可以将其分为外耳式鞋和内耳式鞋。

在进行女鞋耳部件造型设计时，设计师应该注意耳部件与鞋靴的整体造型及风格相协调，并与消费者的审美喜好相吻合。如女式耳式鞋的耳部件设计变化较多，根据鞋头、帮面的分割变化、跟型选择的不同而使得鞋子的风格发生变化。适合于不同场合的女鞋总是以不同的方式诠释着女性的美感。

一、外耳式、内耳式造型

外耳式的鞋耳部件位于口门外，从造型上看，缝线位于鞋耳部件上，穿用时，鞋耳和后帮可以完全打开，便于人脚的穿脱，视觉上给人以轻松、自然无束缚的感觉（图2-6-1）。内耳式鞋子的鞋耳部件在口门以内，从造型上看，缝线位于前帮部件上，相对于外耳式鞋，内耳式鞋比较封闭，给人严谨、庄重的感觉（图2-6-2）。

图2-6-1   外耳式鞋

图2-6-2   内耳式鞋

（一）鞋耳造型

鞋耳形态的设计发展到现在越来越多样化，从矩形逐渐演变出很多造型，如圆弧形、尖形、三角形、椭圆形、方形、异形等（图2-6-3至图2-6-12）。

图2-6-3 圆弧形鞋耳

图2-6-4 尖形鞋耳

图2-6-5 异形鞋耳

图2-6-6 方形鞋耳

图2-6-7 尖形鞋耳的特殊形式

图2-6-8 三角形鞋耳

图2-6-9 矩形鞋耳

图2-6-10 花边形鞋耳

图 2-6-11　旋转式鞋耳

图 2-6-12　不对称式鞋耳

（二）头式与鞋耳造型

鞋头式是根据鞋楦头式的变化而变化的，依照脚型规律和合理的人体结构设计出时尚、舒适、新颖的楦头造型。

一般女耳式鞋的头式有以下几种：薄方头式、厚方头式、小方头式、大方头式、斜方头式、薄圆头式、厚圆头式、小圆头式、大圆头式、圆铲头式、小方铲头式、小圆铲头式、斜方铲头式、斜圆铲头式和尖头式等。在以上所列头式基础上还可以变化出许多鞋靴头式造型。鞋靴方头造型一般给人以精明、干练、刚毅、自信、进取等感觉；圆头造型通常能给人以优雅、秀丽、俊逸、含蓄、柔和、舒展等感觉；尖头造型和一些变化头式造型则给人以个性张扬的感觉。由于时下消费者的求新求异的心理，出现了一些鞋头奇异的变化，这种特异变化往往是将鞋靴头部进行局部凹凸或用装饰工艺进行处理，也有对鞋头局部进行一些夸张的变形。

1.　圆头小型耳式鞋

耳式变成了一种装饰，耳式和小圆头相互呼应，使整双鞋显得小巧精致，纵向分割的鞋前帮面，圆润的鞋耳造型，使得整个鞋子显得内敛但不过分，含蓄大方，设计恰到好处（图 2-6-13）。

2.　典型尖圆头方耳式鞋

尖圆头和匕首跟的搭配，有一种个性、热情开放、充满激情的魅力，同时也是不怕受挫的精神代表（图 2-6-14）。

3.　圆铲头式耳式鞋

更多体现的是柔和、优雅、舒展的特点，使女性多了些含蓄，不善表现的内在

图 2-6-13　圆头圆耳式鞋

图 2-6-14　尖圆头方耳式鞋

美，诠释了一种女性所共有的柔性（图2-6-15）。

4. 小圆头耳式鞋

体现的是自信却不张扬，柔和却不呆板，优雅而不矫揉造作，对生活充满热情，而不失现代感（图2-6-16）。

5. 厚尖圆头耳式鞋

在柔和的基础上增加了厚重感，极富个性的表现，匹配细高跟增强了欧式的风格，颇具西方古朴的时代风格（图2-6-17）。

6. 方头耳式鞋

直方头的干练、刚毅搭配荷兰式跟，极强的理性感使鞋的整体趋于职场风格，显得非常坚毅、知性，是事业型女性的选择。豹纹花纹的装饰，使得鞋子更加具有野性时尚感，皮质鞋带的点缀使得女性更加具有职场魅力，增加包容和沟通的辐射力（图2-6-18）。

因此，在选择鞋耳形状的时候，设计师应该充分考虑鞋耳轮廓线与楦头形状的协调性，以及与鞋靴的整体造型风格相协调统一。

二、耳式鞋帮面线条分割

其经典款便是三节头式、素头式、整帮式和围盖式耳式鞋。

（一）断帮耳式鞋

断帮耳式鞋通常是三节头耳式鞋和二节头耳式鞋，帮面分割线条具有丰富的造型，如鞍脊式、燕尾式、U形线条以及围盖式等。

1. 鞍脊式

鞍脊式耳式鞋，是由线条分割前帮和中帮，中帮部件是马鞍形。这种设计主要体现了设计的圆润感，与女性的柔美相对应（图2-6-19）。

图2-6-15 圆铲头式耳式鞋

图2-6-16 小圆头式耳式鞋

图2-6-17 厚尖圆头耳式鞋

图2-6-18 方头耳式鞋

图 2-6-19　鞍脊形线条分割帮面

图 2-6-20　燕尾式线条分割帮面

图 2-6-21　U 形线条帮面分割

图 2-6-23　素头耳式鞋

2. 燕尾式

燕尾式鞋款给人强烈的时尚感，燕尾的轻盈使得整个鞋子显得精致完美（图 2-6-20）。

3. U 形线条

U 形线条将鞋子进行帮面分割，塑造出舒适简约的形象，彰显时尚的同时又透露出休闲舒适感（图 2-6-21），内耳式鞋的含蓄与唯美女性的性格相符合。

4. 横向线条分割

横向线条非常简单，直线具有明快、直爽感，直线分割的耳式鞋给人一种职场的果断感，这一类鞋子是大多数职场女性的首选，在时尚、优雅的同时，又体现了职场女性的决策力（图 2-6-22）。

图 2-6-22　横向线条分割帮面

（二）素头耳式鞋

素头耳式鞋体现出一种精湛的工艺，前帮不加修饰是对这种做鞋工艺最好的诠释，这种经典款式，简单大方，平淡中渗透着时尚与不凡，尽显穿着者的独特气息（图 2-6-23）。

（三）整帮式耳式鞋

整帮式耳式鞋指的是鞋子的帮面是一块整体

帮面部件，在鞋子背部正中开一道缝，作为鞋子的
鞋耳两边，其整个鞋子的设计点是鞋耳的轮廓造型
以及鞋耳部位的装饰。因为整帮鞋的整体性，有时
候也会被称为"无缝鞋"。其表现出完整、素雅的
风格。做工精良的整帮式耳式鞋会给人一种大方、
别致的感觉（图2-6-24）。

图2-6-24　整帮式耳式鞋

（四）围盖式耳式鞋

围盖式是指在脚的整体横向曲面和纵向曲面的
分割处，对鞋子帮面进行分割，形成了围盖结构的
耳式鞋。其款式落落大方，彰显女性美丽的同时透
露着潮女气质（图2-6-25）。

图2-6-25　围盖式耳式鞋

三、鞋耳的装饰

耳式鞋鞋耳的变化表现在鞋耳造型、鞋眼的设计以及鞋耳的装饰等。

耳式鞋款式严谨、大方、风格多变，根据其楦型和线条的变化，既可以作为正装
鞋的设计，也可以设计成休闲类的鞋款。由于其风格多变，设计师进行创作的空间较大，
更容易进行创新。因此，耳式鞋的造型变化的丰富性主要在于三点：第一，鞋耳轮廓
线的变化；第二，楦头型的变化；第三，耳式鞋帮面分割方式的变化等。

（一）鞋眼对鞋耳的装饰

鞋眼数量的设计一般都是根据鞋耳部件的大小来决定的，通过对鞋眼的再装饰性设
计，在一定程度上改善鞋靴打开方式的便携性，增加了鞋靴的总体视觉美感，满足了人
们对美的追求。对于女性耳式鞋，一般鞋耳都较小的，因此，鞋眼的数量不是很多，表
现出女性的秀气和轻盈感。装饰铆钉，或者直接打孔鞋眼等都是鞋眼装饰常用的手段。
此外，贴护眼也是一种功能性的装饰，既保护了鞋眼，又装饰了鞋子的整体效果（图
2-6-26）。

线条可以发挥的自由度较大，可以创造出一些比较独特的造型，通过线条的变化来
满足消费者追求前卫和个性的一种心理。一般情况下，在方耳形、圆耳形和尖耳形的轮
廓基础上进行演变。因此，一般大的轮廓不会发生改变，某些线条在起到结合帮部件的
作用同时也增加了鞋自身的美感（图2-6-27）。

图 2-6-26　鞋耳部位金属装饰

图 2-6-27　鞋耳处缝制假线

图 2-6-28　麻绳类鞋带

（二）鞋带对鞋耳的装饰

对于女皮鞋，尤其是耳式鞋，鞋带对鞋的整体风格有着显著的影响，具有很好的装饰效果。

1. 鞋带材质

女鞋鞋带按材质分，通常有麻绳类、蕾丝类、皮条、丝带类等（图 2-6-28 至图 2-6-31）。

2. 鞋带形状

女鞋鞋带按照形状分，通常可分为扁形鞋带（宽、窄等）、圆形鞋带等（图 2-6-32、图 2-6-33）。

图 2-6-29　蕾丝类鞋带

图 2-6-31　丝带类鞋带

图 2-6-30　皮条类鞋带

图 2-6-32　宽扁鞋带

图 2-6-33　圆形鞋带

四、橡筋布鞋的装饰

橡筋布鞋与耳式鞋有着相同的闭合功能，其开启性相对脚跗背的控制力度小，所以橡筋布通常设置在脚跗背或者侧面，利用橡筋布的弹性变化来控制鞋口的大小以达到对脚跗背的适应。

橡筋布鞋不能用鞋带来控制鞋口门的大小来满足人脚的穿脱情况，而是在口门处加装橡筋布，借助橡筋布的弹性来辅助穿脱鞋子，而橡筋布在使用上，采用以下三种方式进行处理。

1. 暗橡筋布鞋

在设计的时候，将控制鞋口开合的橡筋布部件置于隐藏部位，外观上不能直接看见橡筋布。因此，这类鞋子外观比较完整，帮面线条流畅。橡筋布隐藏于鞋口下面，通常被设计为长方形（图 2-6-34）。

2. 明橡筋布鞋

设计的时候，将能够与帮面材质相匹配的具有特殊纹理的橡筋布，作为鞋子外表部件的一部分与鞋帮面进行结合搭配，既满足了鞋子穿脱的需求，又起到了装饰效果。明橡筋布的最大外观特征是橡筋布的装饰效果，因此，橡筋布的形状、颜色、装饰位置及纹理和其他帮面部件的相互协调是表现鞋子整效果的一个很重要的因素。

橡筋布常见的设计位置为鞋的两侧，与鞋身连接在一起，开合自如，穿脱方便（图 2-6-35）。

除了使用橡筋布，还可以使用拉链来控制口门打开和闭合，与橡筋布比较起来，拉链的装饰效果显得更加强烈，拉链可以位于鞋身两侧，也可以位于鞋子跗背部位（图 2-6-36、图 2-6-37）。

图 2-6-34　暗橡筋布鞋

图 2-6-35　明橡筋布鞋

图 2-6-36　鞋身两侧的拉链

图 2-6-37　脚跗背的拉链

第二节　浅口鞋

图 2-6-38　女浅口鞋

　　浅口鞋鞋脸较短，长度点一般位于脚跖趾关节部位之前（图 2-6-38），浅口鞋帮面分割线条比较少，是女性常穿的一种鞋，能够表现女性细腻的特点。并且，由于鞋脸短，女性脚跗背暴露比较多，能够较好地体现女性柔美的特点。

　　浅口鞋最大的特点就是，穿脱方便，鞋身轻便，设计的主要变化点是鞋口造型的变化，一般可以概括成圆形口门（图 2-6-39）、方形口门、尖口门、花形口门等。在浅口鞋的设计过程中，口门的设计主要依靠鞋楦楦头的造型，以达到协调一致的效果。

在穿着过程中，女浅口鞋既可作为日常生活休闲鞋来穿用，也可以作为正装鞋、晚礼鞋、时装鞋来穿用。

作为生活休闲类的浅口鞋，其穿脱方便、轻便凉爽等特点为炎热的夏季增添了几分清凉。

图2-6-39　圆形口门浅口鞋

当浅口鞋作为正装鞋和晚礼鞋穿着时，它的总体造型风格应该是端庄、典雅、高贵，设计师必须紧紧围绕这种造型风格去组织和运用各种造型要素。如果设计师对各种造型要素做过分激烈的变化处理，就会改变浅口正装鞋的风格以及穿用效能。

当浅口鞋作为时装鞋来穿着时，其所表达出来的时尚感是标新立异的，在设计的过程中，设计师独特的创意是时装鞋展示的亮点。

一、口门造型的特点

（一）圆形口门

圆形口门形状呈圆弧形，开口较大，属于开放式口型。该口门造型适合脚肉头饱满的女性，可以将脚部丰满圆润的线条充分显露出来，体现一种传统的含蓄美和朴实美。由于圆形口门的鞋子属于开放型口门，比较宽肥，因此考虑到鞋子穿用的稳定性，圆口门造型的浅口鞋在选择鞋跟的时候，则以平跟和中跟为主，不宜搭配细跟、高跟，以免造成人脚的扭伤。

圆形口门是女浅口鞋中很常见的一种口门造型，与不同头型相配，可以打造出或青春活泼，或轻盈小巧，或成熟优雅，或大方稳重的效果。

圆形口门本身就给人一种甜美、乖巧的感觉，而圆形口门和圆头形的搭配让这种甜美的成分再度提升，因而这样的搭配方式，很适合20岁左右的女性穿着，凸显出女孩娇俏的一面（图2-6-40）。

图2-6-40　圆形口门与圆头形搭配

图 2-6-41　圆形口门与方头形搭配

圆形口门与尖头形的搭配，尖头的个性与张扬冲刺了圆形口门的甜美感，使整款鞋甜美中又流露着时尚个性的美感，可以说是成熟与青春兼具，适合 20 岁以上的年轻女性穿着。

圆形口门与方头形的搭配，圆形口门减弱了方头过分严谨的气息，不张扬，内敛，适合温婉型的女性穿用，整体给人一种稳重的感觉，穿上这样的鞋，使女性更加耐人寻味，更加有内涵，这样的鞋适合性格稍显拘谨的女性穿用（图 2-6-41）。

（二）方形口门

较上述两种口门造型来看，方形口门蕴含着成熟的气息，常与方形的楦头相配，给人以精明、干练、刚毅、自信、进取等感觉。

图 2-6-42　方形口门与方形楦头搭配

方形口门与方头的搭配，使整款鞋表现出一种中规中矩的感觉，适合职业女性，体现她们精明、能干、自信和成熟的一面（图 2-6-42）。

尖头代表萌发的成熟，方形口门显示认真与执着，方形口门与尖头的搭配，表现出女性对梦想的憧憬与信心，适合 20 岁以上的女性穿用（如图 2-6-43）。

方形口门和方圆形口门则适应与方头形或者是方圆头形的鞋楦，使得楦头造型和鞋口门造型相协调一致，视觉上表现效果好。在跟型的选择上，方口门或者是方圆口门造型的浅口鞋子则比较适合粗跟和直跟，线条比较粗犷。另外，方口门和方圆口门造型的鞋子属于开放型口门，考虑到消费者穿着的稳定性，在设计的过程中，鞋跟不宜过高。

图 2-6-43　方形口门与小尖头搭配

（三）尖口门

与圆形口门相比较，尖形口门没有圆形口门那么开放，其口门较收拢，适合骨型脚，呈现的是一种细长、俏丽的美。当然，与尖形口门相协调一致的楦头型，则也是以尖头楦或者是以尖圆头楦为主。由于尖口门造型口门收拢，可以将脚很好地包裹住，稳固脚的前掌后跟，因此，尖形口门的鞋子可搭配中高细跟，使得鞋子外观协调一致，整体的视觉效果好（图2-6-44）。尖圆形口门相对于尖形口门少了尖锐的感觉，更加有力地表现出女性脚背的性感与丰满（图2-6-45）。

图2-6-44 尖形口门与尖头搭配

（四）花形口门、异形口门

花形口门指鞋口边缘模仿各种自然形体线条，如桃形、波浪形、镶嵌编织各种图案等，或者是由多块部件或装饰件组合而成。形体可以是对称或者不对称的，线形可以是直线、曲线或者折线斜线等，根据设计师的设计想法进行发挥，想象空间比较大，表现的性格也比较丰富，给人一种轻松、活泼、愉快的感觉。花边形口门展现出一种甜美的感觉，黑色花边给人一种神秘的高贵感，这种花边的甜美加上黑色的高贵神秘，赋予了穿着者性感的气息（图2-6-46）；异形口门加上滚边工艺的鞋口，水钻的装饰更加起到画龙点睛的作用（图2-6-47）。

图2-6-45 尖圆形口门与尖头搭配

图2-6-46 花边形浅口鞋

二、浅口鞋鞋帮结构分割

浅口鞋帮面结构变化丰富，除了鞋子的口门变化外，帮面结构也是鞋造型变化的重要特征。对于鞋帮面结构，主要有以下几种分类。

（一）素头鞋帮

素头指前帮没有任何分割线条及装饰件（图2-6-48），风格简洁、大方、素雅，主要以口门线条、鞋楦头式以及鞋跟样式的变化来丰富鞋子的造型。

图2-6-47 异形口门

图 2-6-48　素头浅口鞋

图 2-6-49　尖头素头浅口鞋

图 2-6-50　圆头素头

图 2-6-51　方头素头

素头鞋对设计师的设计水平要求特别高，因为其帮面没有任何装饰来分散人们的注意力，人们的目光直接看到帮样线条，其设计的成功与否将直接决定着此款鞋设计的成功与否。因而鞋类设计师应该在整帮式鞋帮样线条上下功夫。

1. 尖头类

帮部件轮廓简单、明确，线条光滑细腻，尖头造型给人一种独领风骚的感觉（图 2-6-49），整款鞋能够体现出都市女性的纯粹、干练和知性美，深受广大白领女性的喜欢。正因为其线条简单明确，所以对设计师的设计水平提出了很高的要求。随着时代的演变和发展，现代的都市女性在职场上不仅体现出来一种干练、知性美，而且也融入了女性本身的柔美和难以抗拒的女人味。正是在这种思想的带动下，尖头整帮鞋也开始注重在帮面上融入唯美的元素。

2. 圆头类

整帮式圆头鞋，其突出特点就在于头型上。圆头中和了尖头的冲劲和方头的刚直，给人以优雅、温柔、可爱、秀丽、俊逸、含蓄、柔和、舒展等感觉，把女性的柔美表现到一种极致，深受年轻女性的喜爱。素头整帮鞋，体现出优雅、含蓄之美（图 2-6-50）。冲孔工艺的应用打破了素头的宁静之美，给人以俊逸之感。

3. 方头类

方头鞋表现出女性的严谨、干练，给人以精明、刚毅、自信、进取等感觉（图 2-6-51），同时也蕴含有一种严肃的味道。因此不太受年轻女性的喜欢，其主要是针对成熟魅力女性。

（二）帮面线条的分割和组合

采用对称、不对称及多部件组合的方式，借助分割线条的变化来美化帮面，讲究线条流畅、细腻，或刚或柔，或妩媚或干练，设计的不同，风格会随着所设计的造型的变化而变化，设计师可以根据自己的意愿进行自由地发挥（图2-6-52）。帮面线条分割一般情况下可分为横向直线分割、纵向直线分割、混合分割三种。

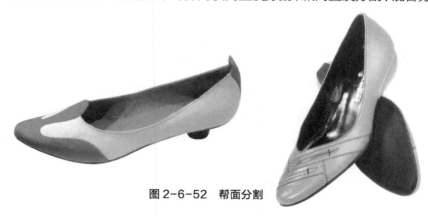

图2-6-52　帮面分割

1. 横向直线分割

横向直线分割是帮面分割中最常见的分割方式，也是一种经典的分割形式，简洁、落落大方。横向直线分割一般位于浅口鞋的前帮部分，通常以在鞋头部分分割成两段式为主，也有多段式的分割形式。

（1）两段式横向分割

两段式分割简单、大方，配以不同的装饰手法则可带来不同感受。这种前帮小包头的分割形式，最初是在男士经典款——三节头中应用的，在随后的发展中，被应用在女鞋中，小小的包头，打破了单一的款式分割，给人留有无限的想象空间，Dior推出这种两色系的搭配包头鞋后，曾经风靡一时，得到了广大女性的推崇，这种款式的鞋适合人群很广泛，不受年龄的限制。后来人们不断地对这种两节式的包头进行改造，像这种两段式横向包头分割，蕴含着一种俏的感觉（图2-6-53）。

图2-6-53　两段式横向分割

（2）多段式横向分割

这种类型的分割多体现一种变化的效果，追求一种平稳中的多变，同时也使得鞋帮面显得很饱满，表现出女性简单中的独特。这种多段式的分割方式其实更看重的是色彩

图 2-6-54　多段式横向直线分割

之间的搭配，若色彩搭配不成功，这种帮部件分割的效果是体现不出来的。采用在帮面上进行线条的缝制使鞋靴帮面体现出一种分割的视觉效果，整体中带着一种分离感（图 2-6-54）。

2. 纵向分割

纵向分割有拉长鞋的效果，后帮的分割不仅使得鞋子的外观造型丰富化，而且减少了原材料的成本，增加了材料的利用率。纵向分割的鞋子多为后包跟形式，后包跟的形状与前帮以及中帮的分割形式有关。

后包跟与帮面颜色相同时，则着重于使整款鞋在视觉上营造出强烈的层次感和间感，同时也满足了协调统一的搭配原则，后包跟与帮面颜色不同时，则主要体现出两种材质之间对比的变化效果（图 2-6-55）。

为使鞋帮部分不再单调，除了使用横向、纵向分割外，还可以用一些流动的曲线进行分割，使前、后帮部分可以达到风格一致的效果。因为曲线的分割使鞋子在视觉上有了别致的动感，西瓜红色帮面和透明的网布进行结合，形成的纵向曲线形的分割（图 2-6-56）。

图 2-6-55　纵向直线分割

图 2-6-56　纵向曲线分割

3. 混合分割

横向分割与纵向分割同时出现，使得帮面效果更加多样化，使女性有一种特立独行的风格（图2-6-57）。

春夏季节，女浅口鞋是女性的最爱，其造型变化主要在于鞋楦头式以及鞋口门造型。要想丰富浅口鞋的造型，需要进行帮面结构的变化、装饰工艺以及装饰件的设计。

图2-6-57　混合分割

第三节　凉鞋

由于夏日服装较为简洁，因此，凉鞋在整体服饰搭配中占比增大。凉鞋已成为当今女性展现服饰风采、个性与品位的重要服饰品。

女凉鞋结构式样富于变化，全空凉鞋也称条带式凉鞋，鞋的前、中、后部位镂空，帮面由条带组成，款式变化丰富。条带可宽可窄、可多可少；可以横向组合，也可以纵向组合，也可以斜向组合；可以互相缝合，也可以各自独立等。窄条带一般作为女式凉鞋的设计，纤细的条带可以充分体现女性的娇柔纤细、秀丽苗条、婀娜多姿，具有青春活力的女性美，也是女式时装凉鞋的代表。

在设计全空式凉鞋时，可以通过条带的形体变化、组合方式以及条带材质的搭配来丰富鞋的造型。在用色方面，全空式凉鞋强调以清凉为主，用色不适宜过于繁琐，配色不超过两种为宜。根据鞋帮条带的变化，可将其分为横带式、条带交叉式、条带不对称式和条带叠加式。

基本款式为前帮一条横的宽带装饰，这种款式不分年龄。纯色的一条宽带或者印有

图 2-6-58   凉鞋基本款

图 2-6-59   凉鞋基本衍生款

图 2-6-60   雪纺材质横带

图 2-6-61   编织横带

花纹的宽带使鞋子看起来简约大方，别具一格（图2-6-58）。

同为一条横宽带，因不同装饰元素的存在变得多元化，银色漆皮的点缀、鱼骨图案的装饰提升了整个鞋子的美感（图2-6-59）。

一、横带式

横带式即一条或多条宽的或细的带子平衡排列，组成凉鞋的帮面。颜色、材质、条带的宽窄、条带条数的选择不同带给人不同的感觉。

（一）一条横带装饰

一条雪纺材质的丝带穿插缠绕在跗背上，给人一种流动的感觉，既充当了装饰物，又起了稳定脚的功能性作用（图2-6-60）；黑色漆皮细带进行有规律的编织，既有镂空的感觉，又有编织的韵味，给鞋子增加了独特的魅力（图2-6-61）。

银色材质的选择本身具有自我装饰的作用，再加上脚踝处一系列细条带的穿插堆积，简约中不失知性美

（图2-6-62）；金色材质的高贵在跗面珠子的衬托下更显奢华（图2-6-63）。

一条极细的窄横带可以使足部大面积的裸露在外面，更加衬托出女性脚的纤细之美（图2-6-64）。

图2-6-62　穿条横带

（二）两条横带装饰

两条细横带在金色材质的衬托下显得唯美优雅，金属圆环依次连接构成的金属链在跗背上的装饰更是锦上添花（图2-6-65）；两条金色宽横带与后帮紫红色的漆皮在颜色上形成鲜明的对比，造成的视觉冲击是这双鞋子最大的亮点（图2-6-66）。

图2-6-63　串珠横带

图2-6-64　窄横带

图2-6-65　窄横带装饰

图2-6-66　宽横带装饰

（三）多条横带装饰

多条横带的装饰即三条及以上的横带平衡依次排列组成整个凉鞋的帮面，看起来密集却不失美感。不带装饰件的多条横带排列看起来素雅洁净（图2-6-67）；带装饰件的多条横带装饰让鞋子多了时尚的感觉，金属扣件和铆钉的出现，尽显鞋子的非主流风格（图2-6-68）。

图2-6-67　多条横带装饰

图2-6-68　多条金属横带装饰

图2-6-69　两条宽带交叉

二、条带交叉式

在横带式的基础上将条带通过各种交叉、组合的变化，让凉鞋帮面变得更加丰富多彩。这种帮面结构应该力求简洁、线条流畅、节奏明快、韵味爽朗，鞋体要轻便，以减少脚的负担和体力消耗，增加清爽舒适感。

（一）两条带子交叉

两条肉色的横带交叉，使鞋子看起来淡雅素净，天蓝色包沿条的出现让鞋子多了几分生机，加上木质纹路的松糕鞋底，使整个鞋子充满了海滩风情（图2-6-69）；黑色反绒面的两条窄横带交叉，被跗背上的一条黑色细带连接前帮和脚踝绊带，既起到了装

饰的作用，又具有固定的作用，集功能性于一身（图
2-6-70）。

（二）三条带交叉

三条带金属亮片的窄细带让穿着者看起来更加温
柔知性（图2-6-71）；明亮的深蓝色三条细带不规
律地交叉排列，使鞋子的立体感提升，让穿着者更加
高挑（图2-6-72）。

图2-6-70　两条细带交叉

图2-6-71　带亮片装饰物的三条带交叉

图2-6-72　不带装饰物的三条带交叉

（三）多条带交叉

三条以上的窄细带交叉构成的凉鞋帮面，使鞋子的构造看起来错落有致。不带装饰
物的交叉排列看起来淡雅（图2-6-73），有装饰物的细带排列让鞋子的风格变得丰富多
样（图2-6-74）。

图2-6-73　不带装饰物的多条带交叉

图2-6-74　带珠饰的多条带交叉

图 2-6-75　多条带不对称

三、条带不对称式

对称有对称的规律美，不对称有不对称的差异美，人们进步提升的空间就是在于寻找那些差异性，不对称给人们独特的视角，展现出一种特别的美（图2-6-75、图2-6-76）。

图 2-6-76　两条带不对称

四、条带叠加式

叠加式即在凉鞋条带变化的基础上增加装饰物，以罗列叠加的形式出现，比如皮革花朵的装饰，民族地域风情显露无遗（图2-6-77）；金属材质的蝴蝶装饰物的出现，衬托了金色鞋子的纯净，显得俏皮可爱（图2-6-78）；彩色串珠的装饰，让鞋子看起来休闲舒适（图2-6-79）。

图 2-6-77　花朵叠加装饰

图 2-6-78　蝴蝶结金属叠加装饰　　　　**图 2-6-79　彩色串珠叠加装饰**

第四节　靴鞋

靴鞋泛指后帮高度超过踝骨高度的鞋类产品。19世纪开始，靴子逐渐成为女性日常生活中的搭配鞋款，经过长期靴鞋造型的演化，人们发现靴筒对人小腿的形状有很好的修饰效果，因此备受当代爱美女性的青睐。由于靴子的后帮腰高度的增加，形成了不同高度的靴筒，同时存在多种形式的开口方式，使靴子比低腰鞋的款式变化更加丰富。

对于靴子款式可按照靴筒高度、开口方式来划分，主要有以下几种类型。

一、靴筒高度

靴筒是靴鞋的标志性部件，其高度可以根据设计者的意图和靴鞋的风格特点自由变化，一般来讲，根据靴筒高度的不同，可以将筒靴分为矮筒靴子、半筒靴子、中筒靴子、高筒靴子和长筒鞋子共五种。

（一）矮筒靴子

矮筒靴的靴筒高度一般控制在脚腕附近，后帮腰的高度相当于2倍的低腰鞋，结构数据分析女靴为120~130mm（图2-6-80）。

图2-6-80　矮筒靴子

（二）半筒靴子

半筒靴的后帮腰高度一般取在中筒靴和矮筒靴之间的位置，它的后帮腰高度相当于3~3.5倍的低腰鞋或者是2倍的高腰鞋后帮腰高度，结构数据分析女靴为180~220mm（图2-6-81）。

（三）中筒靴子

中筒靴子的后帮腰高度一般取在半筒靴子和高筒靴子之间的位置，它的后帮腰高度相当于4倍的低腰鞋或者4倍的矮筒靴子后帮腰高度，结构数据分析为250~260mm（图2-6-82）。

图2-6-81　半筒靴子

图2-6-82　中筒靴子　　　　　图2-6-83　高筒靴　　　　　图2-6-84　长筒靴

（四）高筒靴

高筒靴的后帮腰高度一般控制在膝下位置，它的后帮腰高度相当于 6 倍的低腰鞋或者 3 倍的矮筒靴子后帮腰高度，结构数据分析女靴后帮腰高度为 340~370mm（图 2-6-83）。

（五）长筒靴

长筒靴子指的是靴口超过膝盖以上（图 2-6-84）。

二、开口方式

靴筒高度的增加使得靴鞋穿脱方式的设计显得尤为重要，因此，在设计过程中，必须设计一个可以自由开合的部件，方便穿脱。根据开合部件位置的不同，可以分为前开式、侧开式及后开式。不同的开合方式和开合部位，对鞋子的外观产生的效果也不一样，在加工处理上也不同。

（一）前开口式

靴子的前部开放，借助鞋眼、鞋带、鞋环、鞋扣、鞋卡等调节穿脱的松紧，鞋眼、鞋带、鞋环、鞋扣等不仅起到调节鞋的穿脱，而且起到很好的装饰效果。前开式靴鞋的开口正好位于穿鞋时脚前冲的部位，如果腰身很高的话，肯定会导致穿脱不便，因此，前开式靴鞋不适宜长筒靴，通常用来设计高腰鞋和中筒靴（图2-6-85）。

（二）侧开式

鞋的两侧或者一侧开放，鞋帮较空，有较大的发挥空间，可以充分利用部件分割来表现造型。侧开口式设计使得鞋帮整体性较强，常常采用拉链进行控制开合，靴腰低的时候也可以采用橡筋布等设计。拉链一般设计在内怀位置（图2-6-86），方便使用，既保护了鞋的外怀整体性的视觉效果，并能对拉链起到保护作用。但是，如果靴筒两侧同时开口，外怀控制开合功能件装饰性要好一些，以免影响整体效果（图2-6-87）。

（三）后开式

后弧线部位开放，开放部位比较隐蔽，前帮和侧帮完整，整体性好（图2-6-88）。为了穿着的舒适性，后开口式的靴子靴筒材料一般比较软，鞋的前帮、侧帮面面积比较大，可以充分显示设计师的才能。

图2-6-85　前开口式靴子

图2-6-86　靴子内怀开口拉链　　图2-6-87　靴子外怀开口拉链

图2-6-88　后开口式靴子

图2-6-89　直筒封闭式靴鞋

（四）直筒封闭式

直筒封闭式靴鞋的特征是整个靴子不采用开口方式，这种结构适合各种高度的靴子（图2-6-89）。

三、开口方式的变化规律

开口方式的变化规律是靴子款式变化的主旋律，开口方式是靴子的特征部件，因此，开口方式的变化在靴子款式变化中起主导作用。开口方式变化规律主要有以下几点。

（一）前开口方式的变化规律

前开口式靴子的特征是在口门的脚背位置，一般有明暗两种，明口门一般采用鞋耳、耳扣、扣带结构（图2-6-90），暗口门一般采用暗橡筋布结构（图2-6-91）。鞋耳、耳扣结构适合所有高度的靴子，扣带和暗橡筋布结构适合矮筒靴（图2-6-92）。

图2-6-90　明鞋耳、耳扣扣带　　图2-6-91　暗橡筋布结构　　图2-6-92　拉链前开口式
　　　　　结构

（二）侧开口方式的变化规律

　　侧开口分为单侧开口和双侧开口。单侧开口式高腰鞋的特征是口门在脚踝部位，单侧开口常见形式主要有拉链、鞋带以及扣带等形式，单侧开口式结构适合不同高度的靴子。由于拉链对于靴鞋开口的闭合控制相对来说比较方便，因此，通常会选择拉链作为靴鞋的开合方式，拉链设计在靴筒隐蔽处，及靴子的内怀处（图2-6-93、图2-6-94），但是，有些拉链在充当靴鞋开闭功能件的同时，也是很好的装饰件，因此，通常在靴鞋的外怀部位设计漂亮的拉链，并带有装饰件（图2-6-95）。

图2-6-93　侧开口式靴子　　　图2-6-94　内怀侧开口式靴子　　图2-6-95　外怀侧开口式靴子

（三）双侧开口方式的变化规律

　　双侧开口方式在靴子的帮里、帮面均采用开口的方式，主要有橡筋式和混合式（里外怀不同的形式），这种开口方式比较适合矮筒靴，一般双侧开口的靴子采用的控制开口闭合是松紧布（图2-6-96）和拉链（图2-6-97）。

（四）后侧开口方式的变化规律

　　后开口式靴子的特征是口门在后跟部位，在款式上可以看成是前开口形式转移到后跟部位，其开口常见的形式主要是拉链（图2-6-98、图2-6-99）、鞋带（图2-6-100）、扣带（图2-6-101）等形式，这种结构适合于所有高度的靴子。

图2-6-96　双侧松紧布

图 2-6-97　双侧拉链　图 2-6-98　后半开口拉链靴　　　图 2-6-99　后开口拉链靴

图 2-6-100　后开口系带靴　　　　　　　　　图 2-6-101　后开口粘扣靴

四、靴子帮面分割的变化规律

靴子造型相对低腰鞋和高腰鞋来讲变化较大，而在款式上可以看成脚腕以下帮面部件的分割和脚腕以上、膝盖以下靴筒部件的分割。因此，靴子帮面分割变化规律主要有以下几点。

图 2-6-102　舌式靴

（一）前帮结构的变化

靴鞋的前帮变化比较灵活，对于靴筒高度低的靴子，可以借助满帮鞋的设计，设计成耳式靴、舌式靴（图 2-6-102）以及旋转式靴（图 2-6-103）；如果靴筒高度偏高，则需要在跷度较大的位置做线条分割，一般采用葫芦头或者中破缝结构，以分散跷度（图 2-6-104）。

图 2-6-103　旋转耳式靴

图 2-6-104　帮面分割

（二）靴筒形状的变化

靴筒形状的变化主要针对的是中、长筒靴，目前比较常见的靴筒形状有喇叭筒型（图2-6-105）、直筒型（图2-6-106）和紧腿型（图2-6-107）。

（三）筒口线条的变化

靴子筒口的形状也常常被设计师设计成不同的类型，特别是紧腿型靴子，整个靴筒在穿用的时候是暴露在外面的，这时候可以通过靴筒筒口形状的变化来配合靴子的风格。根据需要，可以将靴筒口设计成前高、后高、弧形、曲线等形状（图2-6-108），一方面增强了视觉美感，另一方面丰富了靴子的造型。异形的靴筒造型不仅赋予了鞋子的个性化设计，而且吸引了大众的目光，使得穿着者有被关注的喜悦感（图2-6-109）；弧

图 2-6-105　喇叭筒型靴

图 2-6-106　直筒型靴

图 2-6-107　紧腿型靴

图 2-6-108　波浪形靴口

形筒口配饰有蕾丝花边，外加筒口带有金属装饰件，体现出女性的高贵气质与魅力；毛皮一直是尊贵的象征，带有兔毛皮装饰的靴筒，不仅给寒冷的冬季增添了强烈的视觉温暖感，而且能够彰显出女性的高贵气质（图 2-6-110）。

靴鞋的造型变化主要体现在靴筒的高低以及靴筒的造型，还体现在靴筒的开口方式的变化，在这些基础上，对装饰元素的设计使得靴鞋造型更加丰富。

图 2-6-109　异形靴口

图 2-6-110　皮草靴口

鞋靴局部造型设计除前面已讲的必须与鞋靴整体造型风格相协调外，还应遵循以下几个设计原则。

（1）局部造型设计必须是以满足穿着舒适性为前提下的设计。

（2）局部造型设计要便于加工生产。鞋靴生产工艺较为独特，目前条件下还离不开对鞋楦的依赖，这就需要鞋靴头式设计（实际上是鞋楦头式造型设计）要考虑拨楦的可能性和方便性。其他局部设计也都应该考虑工艺加工的方便性和经济性。

（3）鞋靴局部造型设计要有创新性。唯有好的、富有创意的局部造型设计才能成为鞋靴的视觉中心，吸引消费者的眼球，也才能充分体现局部造型在鞋靴造型上的审美价值。

（4）某些局部造型设计要注意与时尚性相结合，主要表现在鞋靴头式和鞋跟造型设计上，尤其是鞋靴头式造型流行性较强，设计者应在流行的基础上去设计，鞋跟造型时尚变化除形态外，还表现在鞋跟的材质、装饰变化上。

（5）最后，局新造型设计有时还要考虑与其他局部在造型上的协调和统一，如鞋靴头式是方形的，那么它的鞋跟造型适宜应是方形的。

PIECE

第三篇
男鞋装饰设计

03

男鞋的装饰设计要塑造男性的阳刚之气，一般要把握一种严谨、庄重、高贵或挺拔粗犷的造型风格，这种装饰体现于鞋靴的形态、结构式样、色彩、材质、配件、图案等造型构成要素中。

第七章
男鞋的设计风格

　　随着当今时代的快速发展，鞋的穿着目的和场合越来越细化，男性在不同的工作、生活场合下选择不同鞋类品种或样式。与女鞋相比，尽管男鞋的这种消费趋势和变革显得较为迟缓，但这已充分显示出未来男鞋设计的发展方向，随着男性鞋靴消费新观念、新时尚的不断出现，以及新材料和新技术的运用，男鞋设计必将迎来一个新的时代。男鞋主要分为三大类：正装鞋、休闲鞋和礼鞋。

第一节　正装鞋

　　男式正装鞋是一种常见鞋类，一般与西服等正统服装相搭配。男式正装鞋也称为绅士鞋，其外观造型庄重、大方，无过多装饰。传统男式正装鞋最为典型的是三节头皮鞋（也称牛津鞋）和舌式鞋，如图 3-7-1 和图 3-7-2 所示，而绊带耳扣式鞋（也称僧侣鞋 Monk）也属于正装鞋类，如图 3-7-3 所示。现在男式正装鞋已不仅仅局限于以上几种式样，一些造型简洁大方的素头鞋、舌式鞋、前开口式鞋和"包子"鞋等都属于正装鞋。

　　随着制鞋工业的发展与时代的进步，拥有个性造型的正装鞋也随之出现，这种鞋在秉承传统正装鞋的基础上，在造型式样上追求个性及其独特品位，鞋楦造型不过分怪异，有时紧跟正装鞋楦造型的流行趋势，如铲头式、方头式、斜头式等，但在结构式样、材

图 3-7-1　三节头皮鞋

图 3-7-2　舌式鞋

图 3-7-3　绊带耳扣式鞋

质选择搭配、配件装饰等方面进行一些独特有个性的设计。一方面，男性穿正装鞋是为特定场合需要，要与西服相搭配；另一方面男性选择穿正装鞋也是为显示自己的修养和地位。因此，男正装鞋设计必须是在高贵、典雅、大方的总体造型风格下进行，并在产品中充分表现出精致的工艺美感，即需要有精湛的工艺。

一、形态设计

男正装鞋设计特点是造型要素变化微妙、幅度较小，注重各造型要素之间的协调性。高档正装鞋设计特别注重对高档材料的选用，包括鞋面材料、鞋底材料、配件和各种辅料。另外，正装鞋设计受流行时尚的影响较大（主要是楦型和材料使用上）。传统式样正装鞋的造型款式基本是固定的、程式化的，像包头长度、中帮长度和鞋身的长度之间都有固定的比例，中帮拖脚也有固定的位置等，一般不对其进行太大的设计变化，设计时只是发生很小的改变，如鞋型（楦型）稍微加长、变薄等。但传统式样几乎完美，人们对它的审美也已形成格式化，为满足这一部分消费者的需求，传统式样正装鞋在造型设计上可以基本保持不变。

二、色彩设计

男式正装鞋的色彩一般都为黑色和棕色，并且通常用一色配色，也可以使用棕红色、棕黄色、白色、米色、咖啡色等颜色。男式正装鞋的配色设计受时尚性影响较大。男式正装鞋由于其穿用的目的和性质，使得配色设计总体上要求沉稳、含蓄，不能用纯度过高及鲜艳的颜色。如果用二色配色，要用接近的同类色搭配。如图3-7-4所示，黑色正装鞋给人一稳定、庄重、沉静的感觉，且格调高贵优雅；图3-7-5的棕色正装鞋给人在高贵、典雅、大方的基础上又加上时尚的气息。

图 3-7-4 黑色正装鞋

图 3-7-5 棕色正装鞋

图 3-7-6   鸵鸟皮

图 3-7-7   蜥蜴皮

图 3-7-8   蛇皮

图 3-7-9   鳄鱼皮

三、材质设计

男正装鞋的材质一般用粒纹细致、手感柔软、滑爽、丰满的胎牛皮和小牛皮比较理想。对于高档男式正装鞋来说，稀有高档的鞋面材料是必不可少的，如鸵鸟皮（图 3-7-6）、蜥蜴皮（图 3-7-7）、蛇皮（图 3-7-8）、鳄鱼皮（图 3-7-9）等，鞋底材料往往也选用天然皮革，使鞋具有更好的透气性。

高档男式正装鞋的鞋面材料在设计运用时，非常注重用高档材料的特殊肌理与普通鞋面材料搭配使用，这样既可以节省高档鞋材，同时还可以使鞋具有一种丰富感。另外，由于肌理不同，还可以形成一种对比的美感。不同材质的组合运用，其设计的关键是不同材料在部件的造型和位置的安排上要有新意。

四、配件设计

正装鞋上的配件设计依结构式样而定，一般情况下，正装鞋不加装任何配件；舌式正装鞋通常可加装一个小的标牌配件。在舌式鞋的跗背处加上横条配件，变成横条舌式鞋，且横条舌式鞋也有多种式样变化；绊带耳扣式正装鞋一般要加装既有实用价值又有装饰功能的鞋钎配件，现在也可用尼龙粘扣代替鞋钎。配件在正装鞋上往往起到画龙点睛的作用，因此，正装鞋配件设计的原则是既要与鞋的整体造型风格相协调，又要有较高的艺术性，真正起到点缀、美化、标识的作用。

正装鞋常在鞋面明显部位加装标牌。标牌除具有点缀、美化的功能外，还具有品牌标识和宣传的实用功能。正装鞋上的标牌在体积上要小巧、纤秀；在造型轮廓上有规矩廓形形态，即标牌图案在一个完整轮廓造型中，也有自由形态，如有的标牌廓形造型用的就是品牌标志的字母体或具象的图案轮廓。制鞋企业自己品牌标志设计得是否新颖、独特、美观，直接决定了标牌在正装鞋上所发挥的功能效果，如图 3-7-10 所示。

　　正装鞋标牌色彩一般有金色、银色和古铜色三种。金色和古铜色适合于各种颜色的正装鞋，银色除不太适合与棕色、咖啡色搭配外，适合与其他颜色的鞋面材料搭配。正装鞋标牌材质应与鞋材相协调，普通正装鞋用金属或仿金属效果比较好，高档鞋材及名牌正装鞋可以选用镀金、18K 金、纯银等高级金属材料，充分衬托出高档正装鞋的名贵感。如图 3-7-11 所示，金色的标牌显得正装鞋更加的庄重、高贵；如图 3-7-12 所示，古铜色的标牌与鞋面材料的搭配直接提升了正装鞋的档次。正装鞋标牌工艺加工非常重要，精美的正装鞋上装配一个制作粗糙的标牌会显得极不协调，鞋的整体品质大打折扣。

图 3-7-10　正装鞋的标牌

图 3-7-11　金色的正装鞋标牌

第二节　休闲鞋

　　休闲鞋的概念是从 20 世纪 80 年代以后随着人们对休闲生活方式追求而出现的。休闲鞋的概念就如同它的样式一样，至今没有明确统一的界定和标准。概括地说，休闲鞋是人们工作之余休闲放松时穿的鞋。这种鞋不受结构式样的限制，可以是耳式、舌式、"包子"式或绊带耳扣式。这种鞋比较典型的外观式样和工艺手法是在底沿处缝有加强帮底结合的外线，显得自然而粗犷；结构式样上多用缚脚性较好的耳式系带结构；外底为整底式或有较低的后跟，材料耐磨、轻巧，并具有较好的弹性；鞋面材料多用天然材料如绒面革、磨砂革、压花革或肌理较粗的棉、麻织物等。另外，这种鞋在口沿处借用旅游鞋、运动鞋作法，一般加有软的填充物，

图 3-7-12　古铜色的正装鞋标牌

使脚在活动中感觉比较舒服。当然，休闲鞋不仅限于以上式样、工艺、材料等方面的特征。实际上，休闲鞋的式样特征、工艺特征、使用功能处于不断发展变化中。

为满足人们不同的需求，近几年出现了休闲鞋与其他鞋类结合的倾向，使休闲鞋的功能不断拓展。如休闲鞋正装化，这种鞋有着正装鞋严谨、大方、典雅的外观风格，但它又有着较厚和柔软的大底，楦型比较饱满，使脚在鞋腔内放松自在，鞋口沿处包有薄薄的软填充物，即使长时间行走，脚踝附近也不会感到不舒适。这种鞋满足了人们在正式场合使脚部感到舒适的愿望。再如休闲鞋的运动化，这种鞋的外观特征是两种鞋的混合体，似休闲、似运动，两种功能均具备，满足了消费者运动健身的愿望。随着现代生活的日益丰富，休闲鞋将向多方面发展，并与多种鞋类的功能、特点相融合。

男式休闲鞋设计首先要满足实用功能需求，即穿着舒适性，主要是通过结构设计和材料来实现的。在实用功能满足情况下，男式休闲鞋设计要注重时尚化和个性化的表现，具体把握程度、造型风格和功能倾向要视特定消费者及其使用目的和环境而定，男式休闲鞋设计要把握的总体原则是舒适性、轻松感和个性感。

一、形态设计

男式休闲鞋的形态设计主要有鞋头式形态造型设计、结构式样设计和帮部件造型设计。男式休闲鞋的帮部件造型设计在男鞋造型设计中起着重要作用，是构成男式休闲鞋造型视觉美感的重要组成之一。男式休闲鞋的帮部件造型设计包括鞋面上每个部件的造型设计，重点在耳部件处，耳部件形态造型设计是整个男式休闲鞋形态设计的重点，一般是对耳部件的平面廓形进行变化或用各种装饰工艺手法使鞋耳部件形成新颖的视觉效果。

二、色彩设计

平和、典雅、温暖的自然色是男式休闲鞋的主要用色，咖啡色、驼色、棕色、褐色、土黄色、沙滩色、米色等是男式休闲鞋的常用色，如图 3-7-13 和图 3-7-14 所示。用这些颜色相互搭配，形成同类色配色，能取得较好的配色效果。男式休闲鞋的配色设计一般不使用纯度较高的冷色，若用冷色与暖色为休闲鞋配色时，通常要降低冷色的纯度，以降低高纯度冷色带来的冷峻、严肃、紧张的感觉。为新潮前卫的年轻人设计的休闲鞋可以用纯度较高的冷色和暖色搭配，这样可以获得强烈的色彩对比效果，从而满足青年人追求热烈、新鲜和个性表现的心理。

图 3-7-13　咖啡色休闲鞋

图 3-7-14　棕色休闲鞋

三、材质设计

男式休闲鞋的材质设计同色彩设计一样，要围绕休闲鞋风格属性去运用材质。男式休闲鞋的材质应选择肌理上感觉温厚、亲切和含蓄的绒面革、磨砂革、油鞣革、压花革、皱纹革、棉麻织物等，一般不用漆皮革、珠光革等肌理效果夸张的材质。如图 3-7-15 所示，绒面革的鞋面使其给人的感觉更舒适；如图 3-7-16 所示，压花的鞋面使其显得高贵，且又带有时尚感。高档的休闲鞋可以搭配使用一些稀有的鳄鱼皮、鸵鸟皮、莽蛇皮等材料。

图 3-7-15　绒面革休闲鞋

图 3-7-16　压花革休闲鞋

四、装饰工艺的运用

男式休闲鞋常用的装饰工艺有冲孔、缝埂、串花、缉线、编花、刺绣等手法。如图 3-7-17 所示，冲孔工艺的休闲鞋给人以舒适感，又制造一种典雅高贵的效果；如图 3-7-18 所示，缝埂工艺的休闲鞋使其在绅士的基础上增加了趣味运动之感。在运用装饰工艺时，应注重运用装饰工艺完成的图案造型、数量、位置、色彩、质感等因素的创新设计，这些因素直接决定了装饰工艺运用的效果。

图 3-7-17　冲孔休闲鞋

图 3-7-18　缝埂休闲鞋

第三节　礼鞋

男式礼鞋是出席重要社交场合、配合礼服穿用的一种鞋，平日也可以与西服或其他比较正式的服装相搭配。男式礼鞋包括传统礼鞋、正装礼鞋和时装礼鞋三种。传统男礼鞋也称为经典男礼鞋，这种鞋通过高贵、华丽的造型风格特征来象征和彰显较高的身份地位和修养，传统典型的男式礼鞋样式有燕尾包头花孔三节头鞋（图3-7-19）和流苏翻舌式鞋（图3-7-20）。正装男礼鞋是指华丽感较弱带有一定端庄感的男礼鞋（图3-7-21），又分为端庄华丽型和带有一定个性的准正装华丽型两种，前者适合年龄较大或性格沉稳的男性穿着，后者适合于年龄较小或性格外向的男性穿着。时装男礼鞋是指造型华丽、夸张、艺术的男礼鞋（图3-7-22），这种风格的男礼鞋适合于性格张扬、讲究排场的男青年穿着，表现出男青年华丽、个性的风貌。

礼鞋的款式造型特点是在鞋的帮面上装饰有冲孔、花边和流苏，风格华丽、高贵、古典，且款式造型的创新点主要是对形态（结构式样）、图案、装饰工艺、材质肌理搭配等造型元素的变化创新。

图3-7-19　燕尾包头花孔三节头鞋

图3-7-20　流苏翻舌式鞋

图3-7-21　正装礼鞋

图3-7-22　时装礼鞋

一、形态设计

男式礼鞋的形态设计主要集中在头式造型上，礼鞋的头式造型设计变化应在左右对称的原则下进行（小圆头最为典型），结构式样上已基本格式化，即三节头耳式和在鞋跗背部位加一块带流苏的部件或将流苏直接设计在翻出的长鞋舌上的系带式两种。

　　燕尾包头花孔三节头男式礼鞋的冲孔装饰一般都是圆孔，这些圆孔通常是安排在部件的边缘处，且是一个稍大圆孔与竖排的两个小圆孔有规律地间隔排列。冲孔装饰的变化主要是在包头上，设计师可以充分发挥想象力，在包头上创造出各种由圆孔组成的图案。

　　流苏翻舌式礼鞋主要是在流苏部件上进行设计变化，流苏部件既可由鞋舌翻出来，也可单加上去，一般情况下，流苏部件上窄下宽，长度到跖趾部位，流苏部件上通常加有圆孔装饰。

二、色彩设计

　　男式礼鞋的色彩设计一般不采用冷色系的颜色，最常见和最理想的单色配色是棕色，黑色、驼色、白色等也都可以使用。如图 3-7-23 所示，棕色不像黑色那样深沉、乏味，而更多了一份优雅和浪漫。男式礼鞋行双色配色同样可以取得非常好的效果，双色搭配时，一般将深一点的颜色放到前帮（包头部件）和后帮（后包跟部件）上，较浅的颜色放到中帮上，典型的双色配色设计有黑色与白色、棕色与白色和深棕色与浅米黄色等。深浅不同的颜色位置处理（图 3-7-24），包头和后帮颜色深，中帮部位颜色比较浅，这种双色搭配曾经在 20 世纪 30 年代风靡一时，至今仍受人们欢迎。

图 3-7-23　棕色男礼鞋　　　　　　　　　图 3-7-24　双色男礼鞋

三、材质设计

　　男士礼鞋所用材料一般是优质高档的牛全粒面正面革，这种革肌理细密，光泽感适度，感觉高贵，如图 3-7-25 所示。

图 3-7-25　牛皮礼鞋

第八章
男鞋装饰件的类型

　　男式皮鞋的装饰件主要是指皮鞋上的配饰物，多数是为了对鞋子的外观进行装饰而特意设计的。装饰件与鞋子的关系是相互依赖的，成功使用装饰件可以在鞋子的整体造型上起到画龙点睛的效果，让鞋子外观的视觉形象更为整体，通过装饰件的造型、色彩等变化，弥补了鞋子外观的某些不足，满足了消费者不同的心理需求。

　　最初的装饰件（如战靴上的铜制铆钉）可能是出于护体考虑，实用性占主要地位，但是现在大多数的装饰件则是以美观为主，实用为辅，还有一部分是在实用的前提下起装饰作用。装饰件已经成为鞋子造型的重要组成部分，在设计过程中应充分掌握装饰件的特征，了解其造型、材料与鞋子的关系，扩展思维，使鞋子的造型更加美观。

第一节　男鞋装饰件的分类

　　装饰件的分类方法有很多，按照不同的要求可分为不同的类型。按照装饰件的材料可以分为金属、皮革、塑料、木质、象牙、玉质等。金属装饰件光泽度高、醒目，加工细致、完美，装饰效果好；皮革装饰件通常会以皮花、皮条、编织等形式出现，其材质面料一致，整体感强，与帮面浑然一体，显得质朴、自然；塑料装饰件则主要依靠其绚丽的色彩、多变的造型及易加工等优势在鞋靴装饰件中占有很重要的地位；玉质和象牙材质的装饰件多出现于时装鞋上，其不菲的价格、独特的外观，可以很好地满足时尚男性追求华丽、奢华的心理。

　　按照其功能装饰件可以分为功能型和纯装饰型两种。鞋用装饰件在设计时，设计师应该结合款式的需求，将功能和装饰结合起来，充分展现设计师的匠心独运。下面按照装饰件在鞋靴上的应用进行介绍。

一、鞋眼

　　鞋眼不仅能保护鞋耳上的穿带孔不被拉伸变形或拉坏，而且便于将鞋带穿入孔眼，同时还具有美化装饰作用。

从材质上看，鞋眼可分为铝质、铜质、铁质和塑料类等；从色泽上，可分为金、银、黑、白、彩色、透明等；从形状上，可分为圆形、六角形、椭圆形等，如图3-8-1至图3-8-4所示，从安装手法上可以分为明鞋眼和暗鞋眼等。

图3-8-1　铝制鞋眼　　　　　　　　　　　　图3-8-2　六角形鞋眼

图3-8-3　椭圆形鞋眼　　　　　　　　　　　图3-8-4　黑色鞋眼

二、鞋钎

鞋钎是通过与鞋带皮的共同作用来缚紧脚背的一种部件，同时也是一种装饰件。

按照其结构，鞋钎可分为有针钎和无针钎两类，如图3-8-5所示。鞋钎的形状多种多样，有方形、半圆形、菱形等，如图3-8-6和图3-8-7所示，且制作鞋钎的材料也不尽相同。

图3-8-5　鞋钎　　　　　　图3-8-6　方形鞋钎　　　　　　图3-8-7　半圆形鞋钎

图 3-8-8　铆钉装饰鞋

三、铆钉

铆钉由子扣和母扣两部分组成。子扣为外凸形，母扣为内凹形。一般都装在鞋帮的口门部位，防止在绷帮、脱楦及穿用过程中将口门撕裂，起加固前后帮结合的作用，不仅用于劳保和军品鞋，且用于鞋帮的帮面，起到装饰美化的作用，如图 3-8-8 所示。

四、带环、尼龙粘扣

带环分大型和小型两类。前者用于皮衣等皮革制品，也可与皮条或尼龙粘扣结合使用，做童鞋的缚紧鞋带；后者则主要用于系带鞋，其作用与鞋眼、挂钩相同。

图 3-8-9　尼龙粘扣鞋

带环有圆形、长方形、三角形、半圆形等形状，表面镀以不同的色泽，也可以使用不同的材料制作，因而具有很好的装饰效果，多用于童鞋和旅游鞋。

根据带环的结构不同，在安装时，有的要使用皮条固定，有的则需要用铆钉固定。

尼龙粘扣使用方便，因而主要用于童鞋产品，起缚紧脚背的作用。尼龙粘扣要与带环结合使用。前者是缝制在帮部件上，而后者一般都用皮条固定。如图 3-8-9 所示，尼龙粘扣在缚紧脚背的同时，又增添了鞋靴的层次、活力以及时尚感。

五、拉链

拉链开合方便，又具有装饰性，因而在皮鞋产品中广泛使用。但由于拉链头在外力的作用下容易自行拉开，因此，又往往与尼龙粘扣或铆钉、四合扣等结合使用，如图 3-8-10 所示。从材质上看，拉链分为铜质、铝质和尼龙三类。鞋用拉链主要是大号、粗齿。

图 3-8-10　拉链装饰鞋

六、松紧布

装有松紧布的产品不仅穿脱方便，行走时跟脚，而且可以对稍大或稍小的产品进行"无级"调整，以适应穿用的需要。松紧布多用于童鞋、舌式鞋、棉鞋、条带式凉鞋等，一般装在跗背、口门、后跟等处，如图 3-8-11 所示。

图 3-8-11　松紧布装饰鞋

第二节　男鞋装饰件的特征

对鞋子装饰件做分析比较，可以清楚地看到，尽管装饰件在外观、材料等方面存在很大的差别，但仍然可以寻找到一些共同的特征，主要体现在从属性、整体性、审美性、社会性等方面，这些特点决定了装饰件在鞋子设计中的地位及其完整性概念。

一、从属件

装饰件属于配饰物，在鞋子的整体造型中处于从属地位，也就是说，在整体造型中，鞋子占主导地位，装饰件的设计和选用围绕着鞋子来考虑，通过装饰件来突出鞋子的主题和重点，以此来体现设计者和穿用者的审美水平和艺术品位。假如在鞋子的设计中，过分突出装饰件，反而会造成喧宾夺主的情况，给人的感觉为不够协调，如果装饰件过多或者过于繁琐则会在鞋子的外观上产生过多的视觉焦点，让消费者分不清主次，显得杂乱无章，势必会影响整体效果。比如，在设计职业男鞋的时候，要突出的是职业男性庄重、干练的特色，如果选用过于华丽的装饰件，则会产生不伦不类的感觉。同样道理，如果设计一款礼鞋，我们则要尽可能地配合礼鞋高贵、华丽的特点，选用一些亮丽、贵重的装饰件来搭配鞋子。

二、整体性

鞋子和装饰件是相互依赖的有机整体，因此，装饰件与鞋子之间就需要有一种协调关系，就是所说的整体性，装饰件既可以单独的形式存在，也可包容于鞋子的整体之中。比如从材料、款式、色彩、工艺等方面，装饰件都有着自己独特的要求，但是从鞋子的整体效果看，它与鞋子之间又有着必然的联系，如果搭配不当，就会引起整体的不协调。

鞋子的装饰件可以以单体的形式出现（如花襻、花结），也可以以组合的形式出现（比如亮片），不管是哪种形式的装饰件，所展示出来的效果都应该是整体而完美的，使装饰件这个单体与鞋子整体之间和谐统一，比如花襻、花结的材质与帮面材料的统一，装饰亮片在明度上与帮面的协调等。如果将装饰件与整体割裂开来，就必然会削弱鞋子整体形象的表现力。

三、审美性

装饰件最主要的功能就是美化造型，因此其在造型、颜色、材质等的选择上要具备美感，在外观的设计上要具备很好的装饰性，要能吸引消费者的眼球，并由此产生审美期望和心理的审美愉悦感。装饰件的审美可以分为三种类型：

一种是象形审美，即装饰件的外形，让人一目了然，增加审美的趣味性。比如童鞋上的卡通图案就属于这一类。

第二种是材质审美，借助不同材料独有的肌理，表达审美需求。比如用皮条编织花结，体现的是质朴、原始的美感，而金属装饰件则传达的是一种流行、高贵的美。

还有一种是艺术审美，即按照艺术审美规律，把装饰件当作艺术品来设计，在形状、配色、材质等的选择上都强调其艺术特色，淡化其作为产品的特点。

四、社会性

装饰件的发展，不是单一因素所决定的，它必然要受到文化、科技、工艺水平等方面的影响。社会经济的发展、工艺技术的提高给装饰件的发展带来了转机和变化。比如金属材料加工技术的进步，使金属装饰件的制作更加精致，造型也更加精美，而塑料工业的发展，更促进了装饰件的变化，使装饰件的颜色和造型更加突出，加工工艺也得到很大的改善。

　　社会的重大变革也会影响到装饰件的发展，比如在战争时期，实用、牢固、穿脱快捷是人们最重要的需求，那么这个时期的装饰就会以简单、实用为主。

　　另外，社会民族习俗对装饰件的使用也会产生很大的影响，不管是外形、材料、图案、色彩等，都会体现出各自的民族习惯和特点，如康巴藏族的靴底上会配有铁钉，以利于骑马。

第九章
男鞋的装饰方法

男鞋的装饰方法有很多，且各有各的特点，不同的装饰方法会对男式鞋靴产生不同的整体性、功能性和视觉性效果。因此。了解和掌握不同的装饰方法，对于男鞋的设计有着十分重要的作用。

第一节　工艺装饰

鞋靴工艺装饰是为增加鞋靴的形式美感和价值感而运用的一种方法。设计师赋予鞋靴装饰工艺时应注意以下几个原则：一是装饰工艺不能对鞋材（主要是帮材料）强度有破坏性影响，否则会造成鞋靴工艺质量（核心品质）的下降，影响产品实用功能，成了本末倒置的行为。二是装饰工艺手法的选择应是加强鞋靴某种造型风格，而不是背道而驰。三是装饰工艺手法的运用要有创新性，例如同为冲孔装饰工艺，有常规用法和创新用法之别。创新用法可在形状、大小、位置、布局、数量、方向等方面考虑。四是装饰工艺的经济性，装饰工艺不能过于复杂而造成成本过高。对于档次较低的鞋，装饰工艺尤其要注意其经济性。男式鞋帮面是鞋靴造型设计的重点部位，装饰工艺一般都以鞋靴帮面部位的装饰为主，下面介绍几种使用较多的鞋靴工艺装饰。

一、冲孔

冲孔装饰工艺手法的运用比较广泛。冲孔就是用各种形状的冲子在帮面上冲出各种孔洞。冲孔装饰工艺能带来的装饰效果取决于图案的大小、位置、布局和形状。冲孔装饰工艺的传统用法是在帮部件边缘处和前包头部位规则地冲出圆孔，制造一种典雅高贵的效果。这种装饰多用于礼鞋，最典型的是燕尾包头花孔三节头鞋上的冲孔装饰。目前其他鞋类和其他部位上的冲孔装饰也很常见，如凉鞋和休闲鞋等。

冲孔分装饰性花眼和功能性花眼两种。

（1）装饰性花眼　按照比例与分割、对称与均衡、节奏与韵律、主次与强调、统一与变化等美学原则，将不同孔径和不同形状的花眼进行排列、组合，以产生动与静、明与暗、象征与暗示、显露与含蓄等视觉效果。

装饰性花眼在鞋靴帮面的修饰中广泛使用。花眼的形状主要有不同孔径的圆形、三角形、菱形、波浪形、长方形、正方形及其他不规则的几何形。图 3-9-1 为圆形花眼的应用实例，使得鞋靴给人的舒适感更甚。

（2）功能性花眼　功能性花眼以其在产品中的实用功能为主，兼具装饰功能。如凉鞋、旅游鞋帮面上的透气孔，系带鞋上的鞋眼孔、系卡带的鞋钎孔等。

为了提高其装饰性效果，这类花眼不仅在花眼的形状及排列组合上加以变化，而且所用的材料也多种多样。图 3-9-2 给出了功能性花眼的应用实例，其在透气的同时，又添加了时尚之感。

图 3-9-1　装饰性花眼

图 3-9-2　功能性花眼

无论是手工的方法，还是机器的方法，冲孔都需要使用高压聚乙烯板做垫板。裁断机的冲裁力及手工冲眼时榔头的敲击力均应大小适当，以免冲子陷入垫板过深难以拔出，从而影响加工速度，另外也会缩短垫板的使用寿命。

冲孔时，应严格按照样板上的标志点进行，要求孔眼位置准确、眼口光洁、无毛茬、排列整齐。有些产品要求将表面和帮里都冲穿（如鞋眼），而有些产品只要求冲穿帮面（如装饰性花孔）。对于帮面和帮里都冲穿的产品，应根据冲眼的部位，尽可能地在帮面和帮里组合后再冲孔。当然，有些产品只能先将帮面冲穿，当帮面帮里组合后，再按照帮面上的孔眼将帮里冲穿。

二、编花

编是指用皮条或成型条带交叉编织，从而形成平面或立体图案的操作。编花装饰工艺是指用皮条编织出各种装饰花纹的装饰手法。编花装饰工艺手法富有立体感，具有较强的装饰美化作用，是一种常用的装饰工艺手法。这种装饰手法多应用于凉鞋、休闲鞋，如图 3-9-3 和图 3-9-4 所示。影响编花装饰效果的因素主要有编花形式是否有创新性、编花形状、编花数量和编花的位置等。

　　编花分手工和机器编花两种。编花可以用于整个部件，也可以对部件进行局部修饰。编花的种类很多，编出的图案也多种多样。

　　利用皮条编织出各种图案，用来制作鞋帮部件，借助编织的特殊肌理效果，用来装饰鞋子外观，这种手法称之为编织装饰。皮条在编织过程中，产生的空隙肯定要比皮革纤维间隙大得多，这就使皮条编织的透气效果增加，所以，皮条编织的手法最常用于凉鞋的设计，特别是男式凉鞋，用编织皮条做鞋帮部件，既能达到凉爽的效果，又可以使鞋子表现出稳重大方的男性气质，如图3-9-4所示。编织可以通过皮条颜色、宽窄以及编织图案的变化来增强装饰效果。

图 3-9-3　编花休闲鞋

图 3-9-4　编织凉鞋

三、缉线

　　缉线是指用手工或机器在一整块帮面上缝出花形的线迹。缉线装饰有两种，一种是纯装饰的缉线（图3-9-5），它的意义很明确，就是使鞋靴造型更新颖、更美观；另一种是既有装饰作用，又有缝合作用的辑线（图3-9-6）。缉线装饰手法在休闲鞋靴中运用较广。缉线装饰使鞋产生一种轻松、活泼的视觉效果。缉线的装饰效果取决于缉线形式手法是否有新意、缉线颜色是否符合或有助于加强鞋靴造型风格、缉线图形和缉线位置是否具有创意等。

　　采用普通的工业缝纫机就可以在帮面上缝出简单的花形图案。目前，工厂普遍采用电脑控制的缝纫机或绣花机，进行帮面的美化装饰。后者可以产生具有丰富的色彩，及各式各样的字母或花形图案。

图 3-9-5　装饰性缉线

图 3-9-6　装饰缝合缉线

四、穿条

用一刀光皮条或折边后的皮条在帮部件冲好的花眼位置上穿、编，从而形成一定形体图案的操作称为穿条。穿条装饰是用条带在鞋帮上穿插出各种花纹的一种装饰工艺手法。穿条装饰工艺适宜于休闲鞋、凉鞋等鞋类。穿条用的条带通常与鞋面材料相同。条带宽窄、穿进位置、穿入多少和穿出形状都影响穿条的装饰效果。宽条带显得大方、新颖、洒脱；细条带显得优雅、飘逸；宽、细条带组合使用显得更加变化多端。不同的穿条手法会产生不同的修饰效果。如图 3-9-7 所示，穿条主要用于帮面的美化修饰。

图 3-9-7　穿条装饰

穿条用的引针可以是发夹、竹针，也可以是缝纫用针。使用前要将针尖磨秃，以免在穿条时扎伤手指，另外，使用秃尖针也容易进行穿条。竹针在使用前将针尾劈开，使用时将皮条夹入劈缝即可。由于天然皮革在粒面粗细、色泽等方面有差别，因此，在选用皮条时要保证同双鞋所用皮条的外观质量对称一致。在穿条操作过程中，要注意穿条的松紧程度应始终一致，以穿条后部件平服为准，切忌忽松忽紧。在刻洞、凿眼及穿条等操作过程中要谨防孔眼口处起毛，从而影响产品的外观。

五、镂空

镂空是指使用刻刀将帮部件刻穿，形成一定形状和规格孔洞的操作。镂空装饰工艺是对鞋面材料按照一定的图案设计进行较大面积的镂空，如图 3-9-8 所示。这种镂空宜用刀模进行。镂空装饰工艺富有工艺美感，如果镂空图案设计得好，位置、布局新颖，做出的靴鞋将很有艺术性和工艺美。

图 3-9-8　镂空装饰

图 3-9-9　镂空凉鞋

在机器裁断时，使用特制的刀模，在裁断的同时对帮部件进行刻穿，这种方法最为简便。但对于生产批量不大的产品，或刀模加工不便的企业来说，则不宜采用这种方法。

采用花眼冲将帮部件冲穿，也可达到"刻"的目的。小型企业中，帮部件上的孔洞一般是采用人工的方法逐一冲出的，条件较好的企业则将多个花眼冲组合在一起，固定在一个底盘上，形成组合花冲，一次性地将孔洞冲出。但若花眼冲的形状和规格与要求不符时，则只能采用"刻"的方法。凉鞋上使用得较多，直接利用花形冲在帮面上凿孔，借助孔眼组合成具有审美意义的花形，同时能达到透气凉爽的效果，如图 3-9-9 所示。

六、缝埂

缝埂也叫起埂，是运用较多的一种装饰工艺手法，一般有两方法：一种是直接对缝，多见于不加鞋里、皮料较厚（15~20mm）的休闲鞋；另一种是在帮面材料中缝入绳子来起埂，常用于有鞋盖的休闲鞋。

传统的手工缝法是将一整块或两块帮部件的肉面相对重叠，对缝出埂。这种操作称为缝埂。缝埂一般包括缝埂式、挤埂式和皱头式等几种形式。

（一）缝埂式

缝埂分为整块前帮缝埂（图 3-9-10）和围盖缝埂两种，用于舌式鞋。

缝埂式的整体舌式鞋与其他正装舌式鞋相比，在绅式的基础上增加了趣味运动之感，使本来无生机的鞋多了一丝活力，它不仅可以在正式场合穿用，在生活中穿用也非常合适，省去在不同场合换鞋的麻烦，因此在男鞋市场上所占比例越来越大。

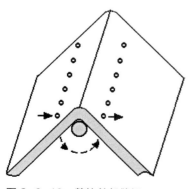

图 3-9-10　整块前帮缝埂

缝埂式鞋从不同的缝制方法上给人带来不同的视觉效果，常见的缝制方式有：

（1）皮条将前帮盖和前帮围均包进去，皮条采用一刀光，采用同颜色的缝线将其缝制，如图 3-9-11 所示。这种鞋给人一种简洁大方的感觉，体现男性的性格，有活力却又不失正式，避免了传统样式鞋的呆板之感，无论是上班还是个人生活穿用都非常合适。

（2）帮围与帮面反缝，再与帮围起埂，如图 3-9-12 所示，黑色缝埂鞋给人一种帮盖向里嵌的感觉，帮盖很光洁，更加显现出帮围的丰满，休闲趣味更上一层，为单调的生活增加活力和动感，张扬一种青春的魅力与风采。

（3）整前帮式在大致帮面与帮围镶接处起埂，如图 3-9-13 所示，土黄色缝埂鞋简洁大方又不失整体美，简单的造型与工艺体现出一种随和的态度。

（4）帮面与帮围均采用正缝，缝线采用相同的颜色，帮围稍微带埂，毛茬外露显示天然皮革材料，体现高贵与典雅。如图 3-9-14 所示，棕色缝埂鞋多适用于外出谈判的商务派，在庄重的同时又添加一丝活力，自信满满地对待生活，帮面与帮围严密的结合体现出种严谨的态度。

（5）帮面与帮围采用正缝，缝线采用其他颜色，如图 3-9-15 所示，两款鞋体现出一种严密光洁的感觉，表现出技艺的精湛，不同颜色的缝线为整体增加乐趣，显得与众不同、别具一格的风采。

图 3-9-11　白色缝埂鞋

图 3-9-13　土黄色缝埂鞋

图 3-9-12　黑色缝埂鞋

图 3-9-14　棕色缝埂鞋

图 3-9-15　缝线颜色变化

（二）挤埂式

挤埂法（图 3-9-16）也是使用整块前帮，有手工挤埂、机器缝埂。挤埂同缝埂一样用于舌式鞋的装饰。挤埂可以不夹埂线，而是在挤出埂后直接进行挤缝，且肉面要进行粘贴加固。

挤埂造型不同，其表现力和风格也不同。埂线粗大，使产品显得粗犷豪迈；埂线细小则赋于产品以柔韧、流畅、富有女性的线条美。如果内夹的金、银或彩色的埂线可以外露，则可呈现闪光，具有跳动、华贵、浪漫等气息。

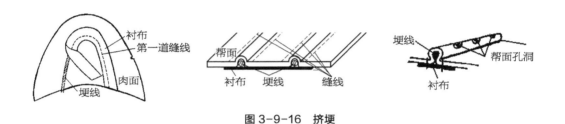

图 3-9-16　挤埂

（三）皱头式

皱头式缝埂一般用于前帮盖与前帮围的缝合。由于前帮围弧长大于前帮盖弧长，用蜡线或尼龙线缝合时，在缝线力的作用下，前帮围上的孔距缩短，与前帮盖上的孔眼对齐，从而形成皱褶。用于皱头式缝埂的面革应柔软、丰满、有弹性、便于起皱。

根据缝制手法的不同，皱头式分为单线缝交叉皱头式（俗称烧麦式）、双线缝麦粒皱头式（俗称皱头麦粒式、围包盖式）和包缝皱头式（盖包围式）三种，如图 3-9-17、图 3-9-18 和图 3-9-19 所示。

通过特殊的工艺手法，在帮面或部件的结合处做出皱褶效果，塑造出立体效果，使帮面富有动感，如图 3-9-20 所示。

图 3-9-17　单线缝交叉皱头式　　图 3-9-18　双线缝麦粒皱头式　　图 3-9-19　包缝皱头式

图 3-9-20 缝埂图例

七、压印

压印装饰工艺是指通过模具辊压出图案花型的装饰手法。这种装饰手法能够使鞋面材料富有立体感。压印工艺使用的位置、面积、形状、颜色等都对鞋靴装饰效果有较大影响。

借助于机械力（和热）的作用，在帮部件上冲压、热烫出一定花纹图案的操作称为压印。这种方法多用于商标压印，如图 3-9-21 所示。

图 3-9-21 商标压印

压印方法可分为以下三种：

（1）冷压花法　在常温下对帮面、外底进行压花。常用的方法有机械冲击法、气压或液压压印法和多次搓压成型的搓压法。

（2）热压花法　在 130~160℃下对帮面进行热压印。常用设备有平板式和辊筒式两种压印机。使用不同的模板，可以产生不同的花纹和图案。对天然皮革外底进行烫印时的温度为 60℃。

（3）高频压花法　采用高频法所产生的热能将涂层熔化，从而产生图案、花纹。这种方法多用于合成革、贴膜革。

压印工艺是皮革装饰的主要手法之一，皮革压花的纹理可以是动物的皮纹，如在猪皮、牛皮上压上鳄鱼纹、鸵鸟纹以增加革的立体感，也可以在皮革上压上一些植物或一些抽

图 3-9-22　皮革压花

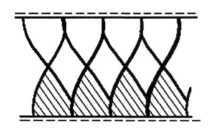

图 3-9-23　扭花图例

象纹理如荔枝纹、柳叶纹等，通过压花处理，既可以遮盖皮革上的伤残，又可使皮革的花色品种大大增加，如图 3-9-22 所示。

八、扭花

将部件的某一部分上下扭转，或先切割后再将部件上的革条前后位移、交叉、翻转，用另一部件压住、缝合，从而产生立体花形的操作称为扭花，如图 3-9-23 所。也可以在部件中间切口、刻洞，然后用皮条在同一部件或在部件之间进行穿编，构成图案、花形。

九、扎染

扎染是我国古代的一种印染技术，广泛应用于丝绸印品的染色。近年来，随着皮革加工技术的发展，扎染开始在皮革制品中得到使用。在染色前，用棉线按一定的图案要求捆扎皮革，染色时，被捆扎在里面的部位染料不易渗入，保持原来的颜色，而露在外面的部分则会被染色，经过固色、水洗、开结后，就会在皮革表面上留下色彩图案。用扎染工艺加工得到的皮革，风格独特，具有"绞纹晕色"变化的特点，图案千变万化、色彩活泼、可明可暗，具有明显的立体感，既能体现古朴、典雅的民族风格，又能体现五彩缤纷、千姿百态的时代气息，如图 3-9-24 所示。

图 3-9-24　扎染图例

十、拼接

缺衣少料的年代，拼接的存在或许根本无暇顾及艺术，只为将就那些有限的布料裹体保暖，但艺术恰恰源于生活，不经意的小举措却收获了意想不到的视觉效果，盛宴一般绽放曼妙妖娆，成就了流行时尚拼接撞色的生动鲜活。拼接撞色在男鞋装饰上的运用，说简单却能表现各种格调，说复杂却又能一目了然，利用不同的材料进行组合搭配，通过重新拼接产生新的花样图案，这种感觉很符合时尚人士摆脱平淡平庸的欲望需求，顺利实现风格切换，更能在简洁的拼撞中最大限度地减少搭配不够专业的尴尬发生。拼接时，先在帮面上切割口子，让其他材质的皮条在帮面上进行拼接，可以选择不同肌理、不同颜色的材质进行搭配；拼接后，部件表面有粗糙感，如图 3-9-25 所示，男鞋的拼接处理体现了勇气与创新，无论是撞色拼接还是材质拼接，都利于提升整体层次，也是对传统纯色的颠覆。邻近色或者对比色的碰撞，往往火花四溅，抢眼至极。

图 3-9-25　拼接图例

第二节　图案装饰

"图案"一词是 20 世纪初从日本传入，其含义主要是指有关装饰、造型的"设计方案"。鞋靴的装饰图案，即针对或应用于鞋靴及其配饰、附件的装饰设计和装饰纹样，其应用意义在于增强鞋的艺术魅力和精神内涵。设计师可以借助装饰图案灵活的应变性和极强的表现性来满足消费者追求新异、趋向个性化的需求，因此，设计师有必要对图案在鞋靴上应用的义、形式和设计要领有全面的掌握。

鞋靴装饰图案，是用一定的艺术语言美化鞋靴造型的一种手法，其艺术表现形式受到政治、文化、经济、科技、民俗等的影响。社会的发展，会对鞋靴的图案产生影响，如在封建社会，手工业高度发达，再加上人们对美好生活的向往，所以鞋靴上多数装饰有寓意吉祥的图案，如云头图案、蝙蝠图案、虎头图案、福寿图案等；进入现代社会，生活节奏的加快，人们逐渐将复杂的图形线条化，采用几何线条组成抽象图案来装饰鞋子，利用简洁的线条，表达美的意愿。另外，文化、宗教、民俗等对鞋靴设计的影响都能在鞋靴的图案设计中得以展现，装饰图案的设计形式具体表现为图形的塑造、色彩变化及材质搭配上，其具体实现则是借助一定的工艺手段，通过实际的工艺操作，如刺绣、镂空、印染、压花、编织等在鞋帮部件上将图案体现出来。

一、男鞋装饰图案的功能

男鞋装饰图案具有很强的审美功能和实用功能，它不仅能从视觉上和心理上满人们美化自己的愿望，使鞋类产品的外观更具欣赏性和艺术性，而且往往和鞋靴上的某些用途产生联系，强化鞋靴的使用价值。男鞋装饰图案的美化和实用功能因其使用的侧重点不同而表现出不同的形式和效果。

（一）装饰点缀

这是鞋靴装饰图案最基本的功能，通过图案的设计和应用，使原本单调的皮革表面焕发出活力，使单调的皮革部件产生层次、格局和色彩的变化，这一点在女鞋的设计中表现得尤为明显。从色彩上，与面料色彩和谐的图案，适合于正式场合鞋子的设计，图案与面料搭配起来显得优雅稳重，也可以采用与帮面色彩呈对比色的图案设计，搭配起来要活跃一些。如果鞋帮部件分割较少，视觉效果会显得呆板，则可以采用较大的图案设计，这时图案占有较大比例的面积，使帮面的布局发生变化，产生视觉上的转移，以达到增加层次感的效果，如图 3-9-26 所示。

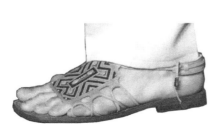

图 3-9-26　点缀装饰图案

（二）强调、醒目

装饰图案在产品设计中能起到一定的强化、提醒和引导视线的作用，在鞋靴的设计中主要表现在两个方面。一方面是借助图案吸引消费者对某个部件的关注，比如筒靴的靴筒部件，在加工中，通常会采用刺绣的手法在靴筒上绣上一些图案，以凸显靴筒的视觉效果，强调其地位的重要性。另一个方面，可以通过在帮面上设计一些前卫的、视觉冲击力大或者罕见的纹理图案，来突出鞋子的个性化风格，吸引消费者的注意力，比如采用印有特别纹理图案的皮革制作鞋子，借助鲜明的色调、夸张的图案，可以使鞋子的动感和时尚感增强同时体现设计师的情感，如图3-9-27所示。

（三）商标、标识

企业品牌的商标也常常作为装饰图案出现在鞋帮上面，包括一些写实、抽象的图案，也包括一些文字标识，如国产品牌康奈的人头图案、奥康鞋业的拼音标识，国外品牌如耐克公司的钩形商标等，这些商标图案在鞋子上的使用，除了具备装饰效果以外，也起到了很大的宣传作用，让消费者在穿用的过程中，能时时注意到鞋子的品牌，对产品品牌的推广起到了重要的作用，如图3-9-28所示。

图3-9-27　特殊纹理的图案

（四）功能图案

有些装饰图案与产品的使用功能紧密结合在一起，如军队上的迷彩鞋，其图案和配色的设计主要是为了隐匿，装饰作用退居次要地位，不过在一般的民用鞋的设计中，功能性的装饰图案则较少，如图3-9-29所示。

作为鞋靴设计师，需要对装饰图案的应用保持清晰和全面的认识，要充分理解图案所要表达的意义，使图案真正成为美化产品的手段，通过图案自身的组织结构、装饰的部位以及图案色彩等，使鞋靴外观更加协调和完整。

二、男鞋装饰图案设计的要求

图案在鞋子的应用需要经过反复的推敲和思考，使图案与鞋子完美地结合在一起，将鞋子的款

图3-9-28　商标图案

图 3-9-29　功能图案

图 3-9-30　图案与外观的融合

图 3-9-31　刺绣图案

式风格凸显出来，既要大胆创造也要细心处理，在应用过程中，我们总结出了以下几点规律，作为男鞋装饰图案的设计要领，以供参考。

（一）图案与鞋子外观的融合

设计师由于文化素养、审美情趣等的差异，在鞋子的设计中往往会表露出一些个性化的追求和倾向，以及消费的需求导向等，其主要通过鞋子的款式、选材、色彩等因素体现出来。融合主要指的是图案设计与鞋子的款式、面料、色彩等交融无间，彼此间保持统一的关系，使图案能成为鞋子一个和谐的组成部分，而不会显得突兀，格格不入，如图 3-9-30 所示，图案在色彩的选择上要考虑鞋子的整体色调，图案的色调应处于从属地位，不能破坏鞋子整体色彩的基调。局部或部件边缘的装饰色彩多侧重烘托帮面效果，风格活跃的鞋子则可以采用图案与面料的色彩对比，形成跳跃、亮丽的视觉效果。

装饰图案的处理还要结合面料特点，如刺绣图案常适合出现在软面鞋帮上，反绒革表面所加的图案光泽度则不适宜太高，以复古风格为特点的帮面上常采用传统图案作为装饰图案，这些处理都可以使图案与鞋子的外观融会贯通，达到和谐统一的效果，如图 3-9-31 所示。

（二）图案与鞋子结构要吻合

鞋子的结构是依据楦型、运动及审美规律，以分割线
的形式体现出来。如果分割线较少，帮面结构简单的鞋子，
为了丰富造型，图案可以多些、复杂些；而帮面结构复杂
的鞋款，其分割线也较多，为了帮面清晰，则不适合采用
较多的装饰，图案应少些、简单些，如图 3-9-32 所示。

图 3-9-32　图案与结构的吻合

（三）图案设计的部位要恰当

鞋子装饰图案的部位选择有两种，一种是整体装饰，
一种是局部装饰。整体装饰主要是在帮面材料上选用花皮，
视觉冲击大，使整体产生新奇、张扬的特点，在这类鞋子
的设计中，不需要为图案部位的选择费心。局部装饰的鞋
子在选择图案装饰部位时，则应该针对性强一些，这是由
于人们的视觉心理习惯，视线会被图案引导，形成装饰中
心，使图案形象和所在的部位更加突出，因此局部图案装
饰的部位一般会选择一些比较平坦、面积大、容易被消费
者关注的部位，如靴筒、跗背外怀、围盖部、鞋口边等，
如图 3-9-33 所示。

图 3-9-33　图案部位装饰

（四）图案与功能相适应

单纯地依靠图案来展现鞋子部件功能的设计，在民用鞋中使用较少，在需要的情况下，
图案应从属于功能，如棉鞋的设计，在帮面或鞋口部位采用毛皮做成的图案，给人以温
暖的感觉，如图 3-9-34 所示；而凉鞋图案的设计多选择清新明快的色彩，在视觉和心
理上使人感觉到凉意，也可采用镂空、编织图案，增大透气空间，起到降温效果，如图
3-9-35 所示。

图 3-9-34　棉鞋

图 3-9-35　编织凉鞋

第十章
男鞋基本款式

　　鞋靴款式变化是鞋靴整体造型变化的重要组成部分，主要指的是帮面结构的分割类型和变化特点，鞋款式变化在鞋帮上体现得更加突出。男鞋结构主要分为耳式鞋、舌式鞋、不对称式鞋、凉鞋和靴鞋等，其主流款式分为耳式鞋与舌式鞋，帮面款式的变化也主要是围绕着这几种类型展开。男鞋款式不易变化或变化较少，故而较容易在原来的基础上继承，实现经典的流传，成为一种永恒的美。

第一节　耳式鞋

　　耳式鞋俗称"系带鞋"，指的是帮面上存在耳式结构的部件，并通过穿系鞋带来控制鞋口的开合。耳式鞋款式严谨、大方，风格多变，根据楦型和线条的变化，可以设计成正装鞋和休闲鞋。

　　耳式鞋根据鞋耳与口门的位置关系可分为外耳式鞋（图3-10-1）和内耳式鞋（图3-10-2）两种。外耳式鞋的鞋耳部件位于口门以外，从造型上看，缝线位于鞋耳部件上，穿着时后帮和鞋耳可以完全打开，便于穿脱，视觉上比较洒脱、放松，不会产生束缚感。内耳式鞋的鞋耳部件在口门以内，从造型上看，缝线位于前帮部件上，相对于外耳式鞋，内耳式鞋比较封闭，给人以严谨、庄重的感觉。

图3-10-2　内耳式鞋

图3-10-1　外耳式鞋

一、传统鞋耳造型

耳式鞋造型设计主要是针对鞋耳部件，且鞋耳部件常成为整个造型设计和视觉美感注意力的焦点。因此，在设计的过程中为了更好地理解鞋耳造型的变化，应该注意鞋耳的造型变化，熟悉鞋耳的结构。

首先，鞋耳造型的变化是鞋耳轮廓线的变化，根据线条形状，鞋耳轮廓线可以分为方耳形、圆耳形、尖耳形三种。

图 3-10-3 方耳鞋

方耳形（图 3-10-3）线条以直线为主，鞋耳轮廓线近似长方形，耳形大方、稳重，给人以精明、干练、刚毅、自信的感觉，是男耳式鞋设计的主要款式。

圆耳形（图 3-10-4）线条以曲线为主，鞋耳轮廓近似半圆形，线条柔和、圆润，使人产生优雅、含蓄、柔和的感觉，在设计时注重与楦棱线的对应。

尖耳形（图 3-10-5）的整个耳形近似三角形，所以也被称作三角形鞋耳，线条锐利简洁，整体造型明快，形状较前卫，有进取感，给人以个性张扬的感觉。

图 3-10-4 圆耳鞋

除了上述三种比较常见的耳形外，还可以在鞋耳部件的线条处理上做些处理，如图 3-10-6 所示，线条可以发挥的自由度较大，创造出一些比较独特的造型，通过新奇的线条变化来满足一种追求前卫和个性的消费心理。

鞋耳轮廓线的形状主要在方耳形、圆耳形和尖耳形这三种基本形的基础上发展与演变，为了丰富造型，也常采用不同形状线条的搭配使用，如方圆耳形、尖圆耳形等，通过组合变化可以延伸出更多的耳形。

图 3-10-5 尖耳鞋

在选择鞋耳轮廓形状时，应充分考虑鞋耳轮廓线的形状与楦头型和男鞋整体造型风格的协调统一。如圆楦头更多采用的是圆耳形或棱角圆顺一些的方圆耳形，而方头楦则多采用方耳形设计，做到整体造型的统一。

图 3-10-6 不规则耳形鞋

鞋耳造型的选择，往往是多种因素综合的结果，其变化除了上面提到的鞋耳轮廓线的变化以外，还包括鞋耳大小的变化，其主要是通过鞋眼数量的多少来体现，常见的鞋眼数量有单眼、双眼、五眼等，一般来说，鞋耳越大，鞋款越显得成熟稳重，而小耳形往往较适合女鞋、童鞋的设计，表现为秀气和轻盈的感觉。

虽然对于耳式鞋来说，鞋耳是特征部位，是造型变化的要点，但是如果鞋耳设计过于突出，忽视与男鞋整体造型的协调，消费者的视线会过多集中于鞋耳部件上，反而会削弱整个产品的造型效果。其次，鞋耳造型的变化是鞋口线的变化，对于低腰鞋，鞋口线位于脚部踝骨下缘，在设计时，通常顺着该部位的线条走向设计成弧线形。第三个变化是两翼线条的变化，主要线形有直线形、折线形、弧线形和花形。第四个变化反映在鞋眼设计和鞋带的选择上，鞋眼最初的设计是为了防止鞋带在受力的时候拉坏帮面，后来逐渐成为耳式鞋造型中一个不可忽略的装饰件，鞋眼主要通过其材质、形状、颜色以及数量等变化来丰富造型，在整个款式设计中起"锦上添花"的效果。一般来说，正装鞋多采用暗鞋眼配细圆鞋带，帮面无金属鞋眼做装饰，可以突出正装鞋沉稳内敛的特点，细圆的鞋带则给正装鞋增加了一些细腻温和的感觉。休闲鞋、劳保类鞋多采用金属鞋眼做装饰，体现其粗犷、大方的风格，且采用扁、宽的鞋带与金属鞋眼搭配，其风格特征更为出众。第五个变化是锁口线。锁口线位于鞋耳前端与前帮结合处，此部受力比较集中，很容易损坏，加缝锁口线可以起到加固的作用。又由于该部位处于鞋的一个比较醒目的位置，所以在设计时还要体现一定的装饰效果，锁口线的装饰作用主要是通过缝合线迹的变化来体现。

二、异形鞋耳

耳式鞋是现代鞋中出现比较早的一个款式，经过 100 多年的变化，在传统款式的基础上延伸出一些变异结构的造型。

（一）前帮开口式

整个鞋帮只有一块鞋面部件，在鞋的背部正中央开一道缝隙为鞋耳边沿线，并且只在后帮中缝处缝合，其他地方无缝合线，因此也称"无缝鞋"。如图 3-10-7 所示，整帮前开口式鞋的帮体完整，外观素雅，但由于帮面没有装饰，容易产生呆板的感觉。整帮式鞋对工艺的要求比较严格，工艺上的

图 3-10-7　前帮开口式

瑕疵很容易被消费者注意到，鞋子在鞋口边常采用滚边工艺作为装饰，可以很好地遮掩鞋口开缝处外露的纤维，并借助细圆的滚边皮装饰，体现一种工艺美的效果。

（二）直耳形

鞋耳的前端轮廓线条为直线，与前后帮的接帮线连接成一字形，称为直耳，如图 3-10-8 所示。

图 3-10-8 直耳形

（三）袋鼠鞋鞋耳

袋鼠鞋诞生于 20 世纪 60 年代，是英国老牌鞋履品牌 Clarks 的经典作品，灵感来源于印第安软皮便鞋。袋鼠鞋一般及踝高，前面有 2~3 排系带孔，比沙漠靴更休闲些，可以把它看成是靴子、皮鞋和运动鞋的集合，如图 3-10-9 所示。

图 3-10-9 袋鼠鞋

（四）"U"形耳式鞋

鞋耳为"U"字形，是内耳式鞋的变形，前帮可以采用包头、围条或自由式分割，腰帮部位常装饰有侧标图案，后部有较大的后包跟，底墙较高。此种鞋耳常用于休闲鞋的设计，如图 3-10-10 所示。

图 3-10-10 "U"形耳式鞋

三、三节头式

三节头式是最传统与经典的款式之一，形体定型效果好，风格高贵大方，脚的舒适感体验较强，帮面分为三节，分别为前帮、中帮、后帮。正装皮鞋最传统、最正式的款式是三节头款，没有太多雕花装饰的款式显得庄重保守，几乎是绅士必备鞋款。

三节头分为外耳式与内耳式，有些三节头皮鞋整体采用同质同色的材质，而有些则会在材质、颜色上做出变化，但是一般来讲，都讲究"首尾呼应"，即只改变腰身部位的颜色，这样在视觉上能形成更好美感，且腰身的异色会形成很好的视觉对比冲击效果，这也是三节头皮鞋的一大特点，如图 3-10-11 和图 3-10-12 所示。

图 3-10-11　三节头内耳式鞋

图 3-10-12　三节头外耳式鞋

图 3-10-13　燕尾式鞋

图 3-10-14　牛津鞋

（一）燕尾式

整个帮面被分割为前、中、后三部分，分割处可以运用钻花孔眼等美化手法进行装饰，给人一种庄重典雅的感受，提升穿着者的不凡气质，如图 3-10-13 所示。燕尾式是遵循欧美绅士着装规则的经典正装鞋，源于欧洲绅士文化的正装皮鞋，曾经有过严格的规定，时至今日，此礼仪习惯略有宽松，首先是二节头皮鞋也被接纳为日间穿着，曾经作为乡村休闲鞋和高尔夫运动鞋的燕尾雕花样式，也被纳入了正装鞋范畴，为绅士们增加了些随意。

（二）牛津鞋

牛津鞋，也就是现在的素头内耳式三节头皮鞋，如图 3-10-14 所示。从 17 世纪英国牛津大学开始流行的男鞋，牛津鞋的特色在于鞋子楦头以及鞋身两侧做出如雕花般的翼纹设计，不仅为男鞋带来装饰性的变化，而且在繁复手工中更透露出低调雅致的人文情怀，勾勒出典雅的绅士风范。现代很多比较绅士的男士穿牛津鞋，很贴切地展现英式学院风范。

第二节　舌式鞋

以鞋舌为主要特征部件的鞋子，称之为舌式鞋，也称"船鞋"或"懒汉鞋"。舌式鞋因其帮面呈舌形而得名，又称套式鞋或船式鞋。它是低腰鞋中最常见的款式之一，不仅适合各个年龄层的消费者，而且还适合在各个季节穿着，成为低腰鞋中的经典鞋款。掌握舌式鞋的基本种类及变化规律，对掌握其他低腰皮鞋的款式设计有着非常重要的借鉴作用。舌式鞋穿脱方便，结构简单，线条流畅，没有鞋带、纽扣或扣环之类的附件，其主流结构分为整体舌式与横条舌式。

一、整体舌式鞋

整体舌式鞋的特点是鞋舌与前帮部件联成一体，没有鞋带，穿脱方便。款式新颖、潇洒大方，给人一种简洁、明快的感觉，适合于各种消费群体。分为围压盖式与盖压围式，如图 3-10-15 和图 3-10-16 所示。

图 3-10-15　围压盖式舌式鞋　　　　图 3-10-16　盖压围式舌式鞋

整体舌式结构的鞋子，在鞋舌和前帮位置没有分割线，使帮面保持完整，但是大块面部件的存在容易让人产生单调的感觉，所以在设计时，通常采用在醒目位置添加装饰（如装饰线、装饰件等），使帮面结构活泼起来。装饰件也可以做成商标的形式，在美化的同时也能起到宣传的效果。但是装饰线、装饰件的使用也不宜过多，否则容易使消费者的视线无所适从，注意力很难集中到帮面结构上，会削弱帮面造型的视觉效果。整体舌式鞋的装饰变化主要来源于鞋盖的变化，包括配饰设计、补丁设计、添皱设计、不对称法、叠加设计、线缝等。

（一）金属件装饰

采用小金属配件做装饰，使鞋子不再显得单调，如图 3-10-17 所示。金属饰件不宜

图 3-10-17　金属件装饰

过大，多采用圆形或椭圆形金属件，镶嵌在鞋舌，起到美化装饰作用。

（二）线缝装饰

这类鞋采用线缝做装饰，这些线迹没有加固缝合的作用，只是为了使鞋子线条和轮廓不单调乏味而已，因为复杂的线条对人们视觉冲击力比较大，如图 3-10-18 所示。

穿条和编条在装饰鞋子时做成缝线状，看上去就像是采用粗线缝制，能突出鞋子的"精工细作"以及鞋子的典雅华贵，如图 3-10-19 所示。

图 3-10-18　线缝装饰

图 3-10-19　线装饰

图 3-10-20　分割装饰

（三）分割装饰

将一整块材料分割再缝合，这种方法不但在工艺制作中能够节省材料，而且能够很好地起到类似于线缝装饰的作用，如图 3-10-20 所示。

（四）条带装饰

条带装饰实际上是缝在鞋舌上的只起装饰作用的饰件，横条上再加上其他饰件，能起到更好的装饰作用，如图 3-10-21 所示。

图 3-10-21　条带装饰

图 3-10-22　起皱装饰

（五）起皱装饰

起皱在鞋子装饰中也常应用。起皱有鞋头起皱（即皱头）和鞋面起皱，这样的鞋子更有质感，如图 3-10-22 所示。

（六）肌理装饰

肌理装饰主要是在鞋材上通过各种手段刻印上花纹图案或者直接应用某种兽皮斑纹突出装饰效果，也能做成各种想要的图案、色调等，如图 3-10-23 所示。

图 3-10-23　肌理装饰

在整体舌式的装饰中，并没有明显的装饰分类，因为大部分的装饰不是单一出现，而是多种装饰手法混合交叉使用。多管齐下的装饰手法很常见，因为这样才能避免单调和重复。

二、横条舌式

横条舌式鞋是男士鞋中最普遍的款式之一，横条舌式鞋的特征是在鞋舌部件上采用横条部件或类似横条的卡、扣带部件，这些部件既有装饰美化的作用，又有提高鞋抱脚功能的作用。在鞋舌和前帮连接的位置上有一个横条部件，横条正好处于跗背部的醒目位置，在穿用时是主要外露部件，因此，在设计时应该着重表现这个特征部位。传统横条部件是用皮革制作的，外观质朴大方，现在也常用各种金属、塑料材料来设计和制作，增加了横条的款式变化，也使成鞋的美感具有丰富的变化，使鞋子更加华丽、醒目。

横条的形状也是各式各样，可以采用在皮质横条上镂空、编花，也可以用金属或塑料压制成各种抽象或仿真图形。横条的设计不应受到太多的限制，可根据鞋的款式风格，充分发挥想象力，利用和谐的搭配关系、适度的比例安排、精巧的布局、美妙的构形、漂亮的色彩、具有亲和力的质感等，充分体现鞋靴的美观效果，使横条成为男鞋造型的亮点。

对于男式正装鞋，横条除了要在造型上设计得优雅、新颖外，完成这种造型的装饰工艺也要精致。正装鞋头式的造型设计既要进行一些微妙造型变化，又要注意与流行时尚相结合。

横条舌式正装鞋上的横条配件通常是这种款式鞋的审美视觉中心，设计师对此处设计应给予特别重视。

图 3-10-24　开孔式横条装饰

图 3-10-25　配饰横条装饰

（一）开孔式

横条上采用镂空工艺，以绅士、高雅著称。整体线条粗犷分明而又不失柔美，推崇手工制作的严谨与完美，融合舒适性与可穿性的设计风格，注重细节的完美和别致魅力，如图 3-10-24 所示。

（二）佩饰组合

与金属饰扣搭配皮质横条，凸显简约设计路线。男式正装鞋搭配金色和银色都可以，其中银色用在黑色鞋面材料上最为合适，金属材质则显得冷峻、严谨、自信、刚毅，如图 3-10-25 所示。

（三）造型组合

正装鞋上横条配件颜色一般要求与鞋面材料颜色相呼应，横条与鞋帮这样的分割方式更能将不同色彩、材质的部件做镶色或嵌皮的处理，使得线条更加明晰，皮革材质显得柔和、高雅、亲切、和谐，装饰效果最佳，如图 3-10-26 和图 3-10-27 所示。

图 3-10-26　不同颜色的横条装饰　　　　图 3-10-27　相同颜色的横条装饰

三、绊带式

基本结构与耳式相同，但鞋耳不是系带结构，而是以鞋钎绊的形式封口，所以称为耳扣式，在造型设计中称其为旋转式。鞋绊带可以与鞋耳连为整体，也可以设计为单独结构，以口门向一侧偏转为特点，鞋的内外两侧呈不对称状态。

我国古代就有旋转结构的鞋子，在新疆出土的汉代皮鞋，帮面结构为旋转式，我国服饰上也存在旋转结构的特点，如旗袍。这种结构的鞋靴成双时旋转方向相反，均由内怀向外怀旋转。从人体工程学的观点来看，旋转式鞋适应人体关节的活动方向，口门开闭自然方便。常见的旋转式鞋其实是外耳式鞋的一种变异，其实质是内怀的鞋耳部件向外怀延伸，形成一个绊带部件。

图 3-10-28　绊带式鞋

绊带式鞋形态设计的重点是在头式和鞋钎的造型设计上，头式造型设计要大方、新颖，但不宜过分夸张，如图 3-10-28 所示。绊带造型要注意与鞋头式造型的风格特点相协调，如果头式造型是优雅修长型，那么绊带造型也应是略窄、修长形的。

与其他款式鞋相比，绊带部件应该是旋转式鞋的一个特征部件，在设计上应着重表现此部件的变化。首先是绊带形状的变化，最常见的绊带是条形，男鞋为了表现男性的阳刚美，一般用直线多一些，宽度也较宽。其次是绊带的分割，将绊带分叉处理，如将一条绊带分割成两条或多条，常用于休闲类的款式，如图 3-10-29 所示。绊带还通过其固定的方式来丰富造型，常见的固定方式有借助鞋钎、鞋环和尼龙粘扣等形式。

鞋钎在这种款式鞋的整体造型构成中发挥着重要作用，设计师应精心设计。鞋钎形态设计时遵循大方与新颖相结合的原则，只大方不新颖会失去装饰审美功能，只新颖（或怪异）不大方又会与正装鞋性质相矛盾。在色彩上，棕色或咖啡色鞋面材料适合配金色或古铜色鞋钎，黑色鞋面材料用银色、金色或古铜色都适。鞋钎在材质肌理上有光亮型和亚光型两种。一般情况下，配件肌理效果与面材质肌理效果以对比形式出现为好，例如在鳄鱼皮、鸵鸟皮等漫反射光肌理的鞋面上，搭配一个光亮的鞋钎，会使鞋面上产生一种材质对比的美感。

男士舌式鞋的设计历史传承较好，所以，款式都大体相似。舌式鞋散发着浓郁的低调气息，突显男性的阳刚气质，使用优良的材质、流畅的剪裁、简洁巧妙的装饰设计，一双经典、实用款式的鞋可以让男士应付各种社交场合，它既具有容易搭配的特性，更能衬托男士的优雅品位。

图 3-10-29　绊带分叉式鞋

参考文献

1. 倪建林. 装饰之源：原始装饰艺术研究 [M]. 重庆：重庆大学出版社，2007.
2. 叶丽娅. 中国历代鞋饰 [M]. 杭州：中国美术学院出版社，2011.
3. 王军平. 装饰基础 [M]. 武汉：华中科技大学出版社，2013.
4. 弓太生. 皮鞋设计学 [M]. 北京：中国轻工业出版社，2010.
5. 李运河. 皮鞋设计学 [M]. 北京：中国轻工业出版社，2007.
6. 陈念慧. 鞋靴设计学 [M]. 北京：中国轻工业出版社，2010.